fruit cooking!

# 과일이 듬뿍 비타민 요리

이민정 저

fruit cooking!

fruit cooking!

예신 Books

# fruit

조리법(구이, 찜, 튀김 등)은 각 나라의 문화에 따라 다르게 표현되는데, 이런 다양한 조리법 중 좋은 점만을 합하여 색다른 맛으로 만들어 내는 것을 퓨전 요리라 한다. 여러 가지 독특한 재료가 서로 어울려 다양한 맛을 내고, 또한 곁들여 내는 소스에 따라 음식 맛이 달라진다.

과일은 보통 깎아 먹거나 즙을 내어 마시는 것으로만 알고 있으나 다른 재료와 같이 끓이거나 섞어 조리하면 또 다른 맛과 영양, 그리고 향이 묻어난다. 과일의 형태도 말린 것, 통조림으로 가공한 것, 생것 등 여러 가지가 있어 이용하기에 편리하나, 특히 제철 과일을 이용해 식탁에 변화를 주는 것이 가장 좋다.

과일은 소스로 만들어 먹으면 새로운 맛이 나며, 색이 아름다워 장식용으로 사용해도 좋다. 특별하다고 해서 어렵거나 전문적인 것은 아니다. 하나하나 만들다 보면 어느새 손에 익고 직접 만드는 재미 또한 새롭다.

음식의 종류는 다양하다. 꼭 어떤 것을 넣어야 한다고 고집할 것이 아니라 조금씩 변화를 주어 독특하게 만들어 보면 어떨까. 이 책에서는 다양한 재료 중 과일을 선택해서 과일과 어울리는 요리를 만들어 보았다.

특별한 날에 먹는 퓨전 요리를 6장으로 구분하여, 각 장마다 주제에 맞는 재료를 이용해 음식을 만들었다. 결혼한 이들을 위해 필요한 영양소, 노인의 건강을 위해 필요한 것, 우리 아이들의 뇌를 발달시키고 뼈를 튼튼하게 만드는 것, 공부에 지친 수험생의 피로 회복과 스트레스 해소를 위해 필요한 것은 무엇인가 등에 대한 궁금증을 풀었다. 각 장은 주식(밥, 면, 빵) – 고기, 생선요리 – 샐러드, 냉채 – 후식 순으로 전개하였다.

참고로 과일의 성분, 영양, 좋은 과일 고르는 법, 보관 방법 등을 실었으며, 우리가 흔히 접해 보지 않은 재료는 Tip 부분에 사진과 함께 자세하게 설명하였다.

끝으로 이 책이 나오기까지 도움을 주신 도서출판 **예신** 여러분께 감사의 뜻을 전한다.

이민정
min2738@hanmail.net

머리말

# CONTENTS 차 례

Part

1

# 결혼기념일에
## 만드는 행복한 요리

믿음과 사랑으로 시작한 결혼,

사랑하는 사람을 위해 특별한

요리를 준비해 근사한 분위기를

만들어 보면 어떨까요.

노화를 방지하고 특히 피부에 좋은 비타민 E가 많이 들어있는 것,

태어날 2세를 위해 필요한 식품으로 만들었습니다.

갱년기 장애, 골다공증, 유방암 예방에 효과가 있는 요리입니다.

# 색있는 김밥

재료 🟡 2인분

밥 1공기반    달걀 3개    김밥김 2장    게맛살 100g    오이 1/2개    양파 1/3개    마요네즈 3T    소금·비닐 랩 적당량
초밥초 (식초 2T 설탕 1T 소금 약간)

이렇게 만드세요

1 밥을 고슬하게 짓는다 (물의 양은 1:1.2배 정도). 초밥초를 약불에서 살짝 끓여 식혀 밥이 뜨거울 때 뭉개지 말고 자르듯이 골고루 섞는다.

2 달걀은 완숙으로 삶는다 (찬물에서부터 달걀을 넣어 물이 끓기 시작하면 13~15분 정도 삶는다). 노른자와 흰자를 나눠 노른자만 체에 내려 가루로 만든다.

3 양파는 얇게 채썰어 찬물에 담가 매운맛을 뺀 뒤 체에 밭쳐 물기를 없앤다. 오이는 소금으로 비벼 씻어 씨있는 부분은 빼고 채썬다. 게맛살은 빨간색 부분으로 5cm 정도로 잘라 굵게 채썬다.

4 양파, 게맛살을 마요네즈에 버무린다.

5 김발 위에 2/3로 자른 김을 깔고 밥을 얇게 편다.

6 밥 위에 비닐 랩을 깔고 뒤집는다. 김 가운데 양파, 오이, 게맛살을 일렬로 올리고 말아 준다.

7 비닐 랩은 벗겨내고 한입 크기로 썰어 겉에 달걀노른자 가루를 묻혀 접시에 예쁘게 담는다. 비트를 갈아 즙을 내어 노른자 가루에 섞으면 빨간색을 낼 수 있다.

nakano

# 해물 볶음 국수

재료 🍋 2인분

우동 생면 300g   오징어 1/2마리   새우(중하) 4마리   굴 100g   양파 1/2개   미나리 10줄기   마른 고추 2개
올리브오일 2T   다진 마늘 2t   청주 1T   두반장 2T   물 3T   간장 1T   설탕 1t   참기름 1~2방울

이렇게 만드세요

1 오징어는 내장, 껍질을 벗기고 세로로 칼집을 낸다. 한번은 칼집을 넣고 한번은 잘라 한입 크기로 썰어 준비한다.

2 굴은 체에 밭쳐 연한 소금물에 흔들어 씻어 물기를 뺀다. 연한 소금물에 씻으면 영양분 손실이 적다.

3 새우는 내장, 머리, 껍질을 벗겨 준비한다. 내장은 등 껍질 두 번째 마디에 이쑤시개로 찔러 뺀다.

4 양파는 껍질을 벗겨 굵게 채썬다. 미나리는 줄기만 5cm 정도로 썬다. 마른 고추는 젖은 행주로 살짝 닦고 꼭지를 떼고 씨를 털어낸 후 어슷썬다.

5 우동 생면은 끓는 물에 살짝 삶아서 찬물에 헹군다. 체에 밭쳐 물기를 뺀다.

6 프라이팬을 달구어 올리브오일을 두르고 썰어놓은 마른 고추를 넣어 약한 불에서 고추의 맛과 향을 낸다. 어느 정도 우러났으면 고추는 건져내어 고추기름을 만든다.

7 고추기름에 마늘을 넣고 양파를 볶는다. 여기에 오징어와 새우를 넣고 볶다가 청주, 두반장을 넣는다.

8 물, 간장, 설탕을 넣고 한번 끓으면 생면과 굴을 넣어 섞는다. 마지막으로 미나리와 참기름을 넣고 불을 끈 후 섞는다.

# 사과 소스를 얹은 폭찹

재료 🍎 2인분

돼지고기(목살) 300g    소금 2/3t    후추 약간    버터 1T    화이트와인 3T    흰콩(불린 것) 3T
사과 소스 (사과 1개  양파 1/2개  버터 2T  후추 약간  우스터 소스 4T  흑설탕 2T  토마토케첩 4T)

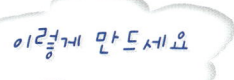
이렇게 만드세요

1  돼지고기는 목살 부위로 준비하여 사방 3cm, 두께 1cm로 썰어 소금, 후추를 뿌려 둔다.

2  흰콩은 불려서 체에 밭쳐 물기를 빼고, 양파는 껍질을 벗기고 씻어서 다진다.

3  사과는 씻어서 껍질을 벗기고 강판에 간다(사과즙만 쓰면 음식이 깨끗하다).

4  달군 프라이팬에 버터 1T를 녹이고 준비한 고기를 굽는다. 50% 정도 구워지면 불을 줄이고 화이트와인을 넣어 뚜껑을 덮고 2~3분 동안 찌듯이 익힌다. 고기를 꺼내 놓는다.

5  고기를 구운 프라이팬에 육즙이 남아 있는 상태에서 버터를 녹이고 흰콩과 양파를 볶는다. 사과와 나머지 소스 재료를 넣어 약한 불로 조린다.

6  소스가 끓으면 익힌 고기를 넣어 약한 불에서 국물 맛이 배일 때까지 뭉근하게 조린다.

🍖 폭찹(pork chop)은 돼지고기를 소스에 재운 뒤 조려 먹는 요리를 말한다.

### 돼지고기 부위별 요리 이용

어깨살은 구이, 국, 조림 / 등심은 구이, 커틀릿 / 삼겹살은 구이, 찜, 편육 / 갈비는 구이, 찜, 탕 / 볼기살은 구이, 찜 / 안심은 커틀릿, 스테이크에 쓰면 적당하다.
돼지고기는 폐에 쌓인 공해 물질을 중화시키기 때문에 대기오염이 증가하는 봄에 먹으면 좋다.

# 말린 과일과 콩완자 튀김

재료 🍐 2인분

콩 2가지(불린 것) 1/2컵    소금 1t    찹쌀가루 1/2컵    설탕 약간    말린 과일(살구·건포도·무화과) 2/3컵
반죽 (녹말·밀가루 1/2컵씩  달걀 흰자 1개  얼음물 적당량  소금 약간)

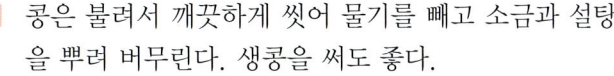
이렇게 만드세요

1 콩은 불려서 깨끗하게 씻어 물기를 빼고 소금과 설탕을 뿌려 버무린다. 생콩을 써도 좋다.

2 살구는 콩과 비슷한 크기로 썰어 건포도와 같이 소금과 설탕을 뿌려 버무린다.

3 말린 무화과는 콩과 비슷한 크기로 자른다.

4 소금에 버무린 과일과 콩의 물기를 제거하고 찹쌀가루를 넣어 버무려서 서로 살짝 붙게 한다.

## Tip

### 건포도(Dry Grapes)

건포도는 포도를 보관하기 좋게 말린 것이다.
오래된 건포도는 맛이 떨어지고 뻣뻣하다. 이럴 때는 포도주나 물을 뿌려 랩을 씌운 뒤 전자레인지에 넣어 30초 정도 돌리면 연하고 부드러워져 요리하기 좋아진다. 물기를 흡수하는 힘이 강하므로 건조한 곳에 보관한다.

5 녹말과 밀가루를 섞은 뒤 달걀 흰자, 얼음물을 조금씩 넣어가며 되직하게 반죽한다.

6 반죽에 소금을 넣어 간한 후 4를 넣고 잘 섞는다.

7 150도의 튀김기름에 한 숟가락씩 떠서 모양을 만든 뒤 노릇하게 튀긴다.

🍠 무화과는 소화를 도와주며 식욕을 돋우고 변비에 좋다. 말린 무화과는 튀겨 먹으면 영양과 맛이 좋다.

젊은 기념일에 만드는 행복한 요리

16

# 오렌지 패주 구이

재료 🍋 2인분

패주 4개   노란색·주황색 파프리카 1/3개씩   녹말 3T   올리브오일 약간   정종 1T   소금·후추 약간씩
오렌지 고추 소스 (풋고추 1개  오렌지 과육 1/2개  즙 3T  양파 1/4개  식초 1T  설탕 1T  소금 약간)

이렇게 만드세요

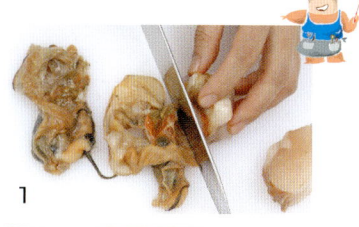

1

2

3

1 패주는 약간 아이보리색이 나면서 윤기가 도는 것으로 골라 내장을 제거하고, 싸고 있는 얇은 흰막을 벗겨 낸다. 옅은 소금물에 담가 깨끗이 씻는다.

2 칼을 뉘어 1.5cm 정도 두께로 포를 뜬 다음 가로 세로로 양쪽에 잔 칼집을 넣는다. 패주가 작으면 포를 떠 펼쳐서 쓴다.

3 손질한 패주는 정종, 소금, 후추를 넣어 잰 다음 끓는 물에 살짝 익힌다.

4 파프리카는 씨와 심을 제거한 후 굵게 다진다.

5 패주에 녹말을 묻혀 달궈진 프라이팬에 올리브오일을 두르고 굽는다. 다진 파프리카도 색이 변하지 않게 살짝 익힌다.

## Tip

**패주**

조개껍데기에 붙어있는 조개 기둥으로 폐각근 또는 조개관자라고도 한다.
연체동물인 부족류의 조개껍데기를 닫기 위한 한 쌍의 근육이다. 아미노산과 글리코겐이 많이 들어있어 정력제 역할을 한다.

5

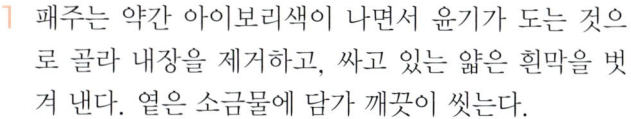

6 오렌지 과육, 양파, 고추는 다져 오렌지즙, 식초, 설탕을 섞어 소스를 만든다.

7 접시에 패주, 파프리카를 담고, 소스와 같이 낸다.

6

🌶 파프리카(Paprika)는 비타민C와 A, 베타카로틴이 풍부해 몸에 신진대사를 활발하게 해준다.

# 골뱅이와 마늘꼬지

재료  2인분

골뱅이(통조림) 4마리   파인애플 2장   마늘 8개   홍·청피망 1/2개씩   꼬지 8개
소스 (올리브오일 3T   화이트와인 식초 1T   소금·흰후추·설탕 약간씩)

*이렇게 만드세요*

1 골뱅이는 통조림으로 준비해 건져서 작으면 그냥 쓰고 크면 세로로 반을 자른다.

2 파인애플은 골뱅이와 비슷한 크기로 썰어 키친타월에 올려 물기를 제거한다.

3 마늘은 껍질을 벗겨서 씻는다. 접시에 키친타월을 깔고 전자레인지에 20초 정도 익힌다(너무 푹 익히지 않도록 한다).

4 피망은 씨와 심을 제거해 다른 재료와 비슷한 크기의 사각형으로 썬다.

5 분량의 재료를 섞어 소스를 만들어 골뱅이를 소스에 10분 정도 재 놓는다.

### 마늘

마늘에는 단백질, 당질, 비타민 $B_1$, $B_2$ 등이 풍부하며 살균작용이 있어 감기나 냉증에 효과적이다. 스코르디닌이라는 물질이 들어있어 피로 회복, 스태미너 증진에 좋다.

6 홍·청피망, 마늘, 파인애플, 골뱅이를 차례로 꼬지에 끼운다.

7 프라이팬을 달궈 올리브오일을 조금 넣고 꼬지에 소스를 끼얹으면서 살짝 굽는다.

19

# 과일 소고기 편육 냉채

재료 🫑 2인분

소고기 양지머리(덩어리) 200g   사과 1/2개   배 1/4개   밤 3개   영양부추 약간   설탕물 적당량
매실 드레싱 (우메보시 5개   고기 국물 1/4컵   간장·청주·설탕·식초 2t씩   소금 1t)

이렇게 만드세요

2

1  양지머리는 덩어리 채로 끓는 물에 넣고 삶는다. 소고기는 젓가락으로 찔러보아 핏물이 나오지 않으면 다 익은 것이다.

2  소고기는 건져서 차게 식혀 결 반대로 얇게 썬다.

3  사과는 껍질째, 배는 껍질을 벗겨서 씨를 제거하고 소고기보다 작게 편으로 썬다. 밤은 껍질을 벗겨 납작하게 썬다.

4  썰어놓은 과일은 색이 변하지 않게 설탕물에 담가 놓았다가 건져 체에 밭쳐 물기를 제거한다.

5  영양부추는 깨끗이 씻어 물기를 털어내고 5cm 정도로 자른다.

6  우메보시는 씨를 제거하고 곱게 다져 나머지 재료와 잘 섞어 독특한 향의 매실 드레싱를 만든다.

### 우메보시

매화나무의 열매인 매실을 며칠 동안 소금에 절여 햇빛에 말린 다음 자소잎과 소금에 절일 때 생긴 국물로 다시 한번 절이는 일본식 매실 장아찌이다. 짭짤하고 독특한 향이 있으며 생으로 먹거나 각종 요리에 쓰인다. 매실(plum)은 알칼리성 식품으로 피로 회복, 소화 불량에 좋다. 간기능을 보호하며 숙취 해소에 좋다.

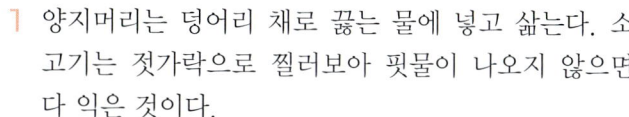

3

6

6

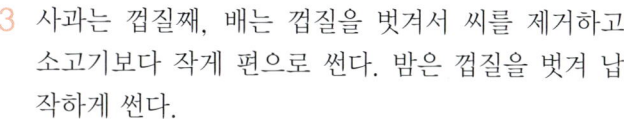

6

🌶 소고기 양지머리는 근육이 모여 있어 기름기가 적고 맛이 진한 반면 육질이 질기다.

# 망고 무침

재료  2인분

덜익은 망고 1개    홍고추 · 청고추 1/2개씩
**양념** (물 1T  소금 1/2t  식초 1t  레몬즙 1/2t  잣 약간)

이렇게 만드세요

1 잣은 고깔을 떼고 키친타월로 살살 비벼 닦아 종이를 깔고 굵게 다진다.

2 망고는 덜익은 것으로 준비해 씨를 제거하기 편하도록 3등분한다. 껍질을 벗기고 씨를 제거해 사방 2cm 크기로 깍뚝썰기한다.

3 청 · 홍고추는 심과 씨를 제거하고 다진다.

4 볼에 양념 재료들을 넣어 섞어 놓는다. 여기에 망고, 청 · 홍고추를 넣고 버무린다. 망고의 모양이 뭉개지지 않도록 조심한다.

5 그릇에 보기좋게 담고 다진 잣을 뿌린다. 20분 정도 재웠다 먹는 것이 간이 잘 배어 훨씬 맛있다.

### 덜익은 망고

덜익은 망고에는 비타민C가 특히 많이 들어있다. 익으면 1/10로 줄어들지만 그래도 사과의 7배나 된다. 신맛이 강해 입맛을 돋우는 데 좋으며 임산부에게 좋다. 인도, 말레이시아의 요리에 사용되며 연육제로도 쓴다.
덜익은 망고는 겉이 녹색으로 단단하고 흠이 없는 것을 고른다.

잣에는 여성에게 좋은 철분이 풍부하며 식물성 지방과 비타민 등이 많이 들어있어 원기회복에 좋고 식욕을 돋우는 데도 좋다.

# 과일 펀치

재료 🍎 2인분

배 · 수박 적당량   화이트와인 1컵   사이다 1/2컵   레몬즙 2T
**시럽** (물 1/2컵 + 설탕 1/2컵)

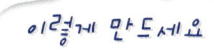
이렇게 만드세요

1 냄비에 시럽용 물과 설탕을 넣어 중불에서 반으로 줄어들 때까지 끓여 시럽을 만든다. 설탕이 완전히 녹으면 식혀서 냉장고에 넣어 차게 만든다.

2 과일은 동그란 원형뜨개로 과육을 떠서 차게 냉장고에 넣어둔다.

3 차게 식힌 시럽에 화이트와인과 레몬즙을 잘 섞는다.

4 3에 과일과 찬 사이다를 섞어 담아 낸다.

### 펀치 (Punch)

펀치는 레몬 주스, 설탕, 포도주 등 5가지 이상을 섞은 알코올성 음료이다. 일반적인 과일 펀치는 계절에 따른 과일 2~3종류를 적당한 크기로 잘라 화이트와인, 시럽, 레몬 주스 등을 섞어 담아 낸다.

### 쉽게 만드는 과일 펀치

1. 설탕 시럽 대신 후르츠 칵테일 통조림을 이용한다.
2. 차게 해 둔 통조림 국물에 화이트 와인과 레몬즙을 섞는다.
3. 2에 차게 해 둔 후르츠 칵테일 통조림 과육과 사이다를 섞어 담아 낸다.

Part

2

# 부모님생신에
# 만드는 건강 요리

건강하게 노년을 보내시길 바라면서

건강 요리를 준비해

부모님께 감사의 마음을 전해 보세요.

뇌의 노화 및 뇌졸증을 방지하는 식품,

간기능을 원활하게 해 주는 식품, 섬유소가 많이 들어있어 장 운동에 좋은 식품,

뼈의 노화를 방지하는 여러 가지 식품으로 요리를 만들었습니다.

# 사과 수프

재료 🍎 2인분

사과 2개   화이트와인 1/2컵   통계피 1조각   생강 1쪽   설탕 2T
물 1/2컵   생크림 1/4컵   우유 1컵   레몬즙 1t   소금 약간

이렇게 만드세요

1

2

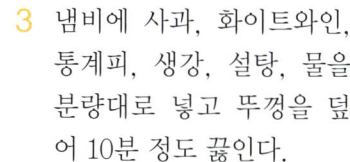

3

4

5

6

### 수프 (Soup)

수프는 정식을 먹기 전에 식욕을 돋우기 위해 먹는다. 육류, 어패류, 채소류를 주재료로 만든 일종의 국물이다.
수프의 간은 처음 입에 떠 넣었을 때 약간 싱겁다고 느끼는 정도가 알맞다.
상큼한 맛의 과일 수프는 따뜻하게 먹기도 하고 여름에는 냉장고에 넣어 두었다가 차게 해서 시원하게 먹기도 한다.

1  사과는 껍질을 벗기고 4등분하여 씨와 심을 도려내고 얇게 썬다.

2  생강은 구석구석 껍질을 말끔히 벗겨 얇게 저미고, 통계피는 물에 살짝 씻어 놓는다.

3  냄비에 사과, 화이트와인, 통계피, 생강, 설탕, 물을 분량대로 넣고 뚜껑을 덮어 10분 정도 끓인다.

4  사과가 푹 익으면 통계피와 생강을 건져내고 나머지는 믹서에 간다.

5  4에 우유와 생크림을 넣어 곱게 간다.

6  마지막에 레몬즙과 소금을 넣어 고루 섞는다.

# 녹차 국수

재료 🎃 2인분

녹차 국수 200g    소고기(양지머리) 200g    배 1/4개    오이 1/3개    마른 표고버섯 3장    육수 4컵    소금 약간
**버섯 양념** (간장·참기름·후추 약간씩)

이렇게 만드세요

1 냄비에 찬물에서부터 소고기를 넣고 끓인다. 센불에서 끓으면 약불로 줄여 속까지 익힌다.

2 마른 표고버섯은 찬물에 불려 기둥을 잘라내고 물기를 꼭 짠 후 채썰어 양념해서 볶는다.

3 배는 껍질을 벗기고 씨와 심을 제거한 후 편으로 썬다. 설탕물에 담갔다가 물기를 뺀다. 오이는 소금으로 비벼씻어 반으로 갈라 어슷썬다.

4 냄비에 물을 넉넉히 부어 끓으면 면을 펴서 넣은 후 젓가락으로 휘저어 주며 익힌다. 뚜껑을 덮어 끓으면 찬물을 1/2컵 정도 부어 준다.

5 국수는 잘라보아 하얀 심이 약간 보일 때 건져서 찬물에 2~3번 헹군다.

6 육수가 다 되었으면 소금으로 간을 하고 고기를 꺼내 편으로 썬다.

7 삶아 놓은 국수를 끓인 육수에 넣었다 국수가 따끈해지면 그릇에 담는다. 육수는 데워 담고 위에 소고기 썬 것, 배, 오이, 표고버섯을 올려 낸다.

🌶 녹차는 비타민 C가 풍부해 피로 회복에 효과적이다. 카테킨이라는 성분이 들어있어 노화를 방지하고 뇌졸중 예방에 좋다.

# 파인애플 소고기 구이

재료 🫑 2인분

소고기 양지머리(덩어리) 200g   파인애플 통조림 과육 4개   버터 1T   깻잎 10장   방울토마토 2개   화이트와인 2T
후추·소금 약간씩   올리브오일 적당량   찹쌀가루 1컵   소스 (올리브오일 1T 씨겨자 2T 설탕 1T 레몬즙 1T 간장 1t)

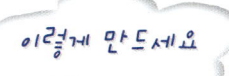

이렇게 만드세요

1 소고기는 양지머리를 덩어리로 준비한다. 살짝 얼려서 사방 6cm 크기로 얄팍하게 썰어 칼등으로 두드린다(소고기는 익을 때 길이가 줄어들므로 원하는 크기보다 조금 크게 써는 것이 좋다).

2 손질한 소고기를 후추, 소금, 화이트와인에 1시간 정도 재 놓는다. 좀더 재워 두면 더 연해진다.

3 깻잎은 채썰어 찬물에 담갔다 체에 밭쳐 물기를 뺀다.

4 파인애플은 과육만 건져내 물기를 제거한 뒤 반달 모양으로 썰어 버터를 약간 녹인 프라이팬에 살짝 굽는다.

5 2에 한 장씩 찹쌀가루를 묻힌다(고기에 소금과 후추를 뿌려 놓으면 육즙이 빠져 나오는데 표면에 찹쌀가루를 묻히면 육즙을 빨아들여 맛이 더 좋아진다).

6 프라이팬을 달구어 올리브오일을 두르고 5를 굽는다.

7 분량의 재료를 섞어 소스를 만든다. 접시에 4와 6을 조금씩 겹쳐 담고 장식으로 깻잎과 방울토마토를 담는다.

🍓 씨겨자는 겨자의 씨를 그대로 소스로 만든 것으로 씹는 맛이 좋다. 머스터드 소스보다 깊은 맛이 난다.

33

# 녹두전

재료 🫑 2인분

불린 녹두 1컵   김치 적당량   쌀가루 1/2컵   소금·참기름 약간씩   물 2컵   가스오부시·식용유 적당량
**양념 간장** (간장 2T  식초 1t)

*이렇게 만드세요*

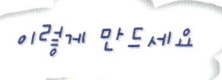

1 녹두는 깨끗이 씻어 체에 일어 돌을 골라 낸다. 미지근한 물에 2시간 정도 또는 찬물에 3시간 정도 불린다. 손으로 비벼 껍질을 벗겨 걸러 내고 체에 밭쳐 물기를 뺀다.

2 손질한 녹두는 물을 조금만 넣고 믹서에 곱게 간다.

3 가스오부시는 얇게 썬 것으로 구입해서 잘게 잘라 둔다. 김치는 속을 털어 내고 송송 썰어 참기름에 버무려 둔다.

4 녹두 갈은것을 쌀가루, 물과 섞어 약간 묽게 반죽한다. 너무 되직하면 전을 부쳤을 때 딱딱해서 맛이 없다. 소금으로 간한다.

5 프라이팬을 달구어 반죽을 1/2국자 정도 떠넣고 김치와 가스오부시를 얹는다.

6 한면이 노릇하게 구워졌으면 뒤집어 익힌다. 뒤집개로 누르지 말고 그대로 익힌다. 양념 간장과 함께 보기좋게 담아 낸다.

🌶 녹두는 녹색의 콩으로 입맛을 돋게 해주며 원기 회복에 좋다. 해독 작용이 뛰어나 숙취 해소에 좋으며, 피부 미용에 효과가 있다.

# 오렌지 미역초 무침

재료 🫑 2인분

오렌지 1개    염장 미역 100g
오렌지 간장 소스 (오렌지 주스 · 간장 2T씩  식초 1T  설탕 1/2T  다진 마늘 1/2t)

*이렇게 만드세요*

1 오렌지는 껍질을 벗기고 과육만 잘라 낸다.

2 염장 물미역은 찬물에 여러 번 헹구어 씻은 후 건져 사용한다. 짠맛을 어느 정도 빼고 끓는 물에 살짝 데쳐 찬물에 헹구어 물기를 뺀다(너무 오래 담가 두거나 많이 가열하지 않도록 한다).

3 손질한 미역은 적당한 크기로 자른다.

4 분량의 재료를 섞어 오렌지 간장 소스를 만든다. 이때 설탕이 완전히 녹도록 잘 저어 준다.

5 오렌지 과육과 미역을 먹기 바로 전에 소스와 같이 버무려 접시에 보기좋게 담아 낸다.

## Tip

### 생미역

생미역은 알칼리성 식품으로 칼슘, 칼륨, 식물성 섬유가 풍부하여 고혈압, 동맥경화를 예방하고 특히 혈액순환에 좋다. 생미역 100g을 섭취하면 열량은 9칼로리로 칼로리가 거의 없어 다이어트에 효과적이다.
생미역을 고를 때는 녹색이 짙고 줄기가 가늘고 잎이 넓은 것으로 선택한다.

# 유자와 대합 샐러드

재료 🫑 2인분

대합 4개　유자 1개　쑥갓 적당량　화이트와인 1T　소금·흰후추·소금물 적당량
유자 소스 (유자청 2T　유자즙 3T　화이트와인 1T　요구르트 1T　소금 약간)

*이렇게 만드세요*

1 대합은 3% 정도의 소금물에 담가 해감시킨다.

2 해감시킨 대합은 깨끗이 씻어서 칼집을 살짝 낸다.

3 유자는 껍질을 소금으로 비벼씻은 후 반으로 잘라 즙을 낸다. 껍질 일부는 대합 삶을 때 넣고, 나머지는 속껍질을 깨끗이 벗겨 다져 놓는다.

4 냄비에 유자 껍질, 물, 화이트와인, 소금, 후추를 넣고 끓인 국물에 대합을 넣어 삶아낸 다음 식힌다.

5 쑥갓은 굵은 줄기를 잘라 내고 씻어 물기를 뺀다.

6 분량의 재료를 섞어 유자 소스를 만든다.

7 접시에 대합 삶은 것과 쑥갓을 담는다. 소스를 끼얹고 유자껍질 다진 것을 뿌린다.

## 유 자

중국이 원산지로 단맛이 적고 신맛이 강해서 그대로 먹기는 어렵다.
껍질은 두껍고 노란색이며 과육은 연노랑색을 띤다. 유기산이 많이 들어있어 노화와 피로를 방지한다. 주성분은 비타민C로 레몬보다 3배나 많이 들어있어 감기와 피부 미용에 좋다.

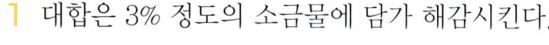

🦪 조개는 단백질 함량이 높고 지방이 적다. 조개에 들어있지 않은 비타민A와 C가 쑥갓에 많이 들어 있기 때문에 같이 먹으면 좋다.

# 두부 샐러드

재료 🟡 2인분

찌개용 두부(200g) 1모   당근 1/4개   게맛살 50g   케일 3장
참깨 소스 (볶은 참깨 2T  간장·식초 1T씩  꿀 1T  다진 마늘 1t  다시마 국물 2T)

*이렇게 만드세요*

1 두부는 찌개용으로 준비한다. 체에 밭쳐 뜨거운 물에 살짝 데친 다음 식혀 냉장고에서 차게 둔 후 적당한 크기로 자르거나 숟가락으로 한입 크기로 떠서 준비한다.

2 케일은 씻어 물기를 제거한다.

3 당근은 씻어 5cm 길이로 채썬다. 게맛살은 5cm 길이로 썰어 잘게 찢는다.

4 다시마 국물은 다시마를 마른 행주로 닦아 찬물에 넣고 끓인다. 끓기 시작하면 불을 끄고 2~3분 두었다가 다시마를 건져 내고 사용한다.

5 작은 분마기에 볶은 참깨를 담고 잘 갈아 나머지 소스 재료를 섞는다. 참깨는 갈기 전에 한번 더 볶으면 더욱더 고소한 맛이 난다.

6 접시에 케일를 깔고 차게 해둔 두부와 게맛살, 당근 채를 올리고 분량의 소스를 끼얹는다.

🌶 참깨는 섬유질과 칼슘이 풍부하며, 노화를 억제하고 피부에 좋다. 단백질의 좋은 급원이며 콜레스테롤 수치를 낮추는 효과가 있다.

# 바나나탕

재료 🍋 2인분

바나나(200g) 2개　식용유 1L　계핏가루 약간
**튀김옷** (달걀 흰자 2개　감자녹말 5T)　**시럽** (물 4T　설탕 4T)

이렇게 만드세요

1　바나나는 껍질을 벗겨 먹기 좋은 크기로 썰어놓는다.

2　달걀 흰자를 거품내서 감자녹말과 섞는다.

3　오목한 팬에 식용유를 넣고 130~150도쯤 되면 바나나에 튀김옷을 입혀 튀긴 후 체에 밭쳐 기름을 뺀다.

4　프라이팬에 물과 설탕을 넣어 반으로 줄 때까지 졸여 설탕시럽을 만든다.

5　설탕시럽에 튀긴 바나나를 넣고 버무린다.

6　조금 식으면 접시에 예쁘게 담는다. 매콤하면서 톡쏘는 향이 좋은 계핏가루를 뿌려도 좋다.

### 팥 앙금을 넣은 바나나탕

1. 바나나를 껍질째 먹기좋은 크기로 썰어 반을 가른다.
2. 팥 앙금을 작고 동그랗게 만들어 둔다.
3. 바나나의 양쪽에 속을 둥글게 파낸다. 한쪽에 팥 앙금을 넣고 다른 쪽의 바나나를 덮어 붙인다.
4. 껍질을 벗기고 튀김옷을 입혀 튀겨 설탕시럽을 끼얹어 먹는다.

# 복숭아 푸딩

재료 🍑 2인분

복숭아(150g) 1개  설탕 2T  우유 1/4컵  생크림 2T  레몬즙 2T
가루 한천 2g(티스푼으로 1스푼)  물 1컵

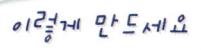

1  복숭아는 무른 것으로 준비해 껍질을 벗기고 씨를 제거하여 과육만 포크로 으깨거나 다진다. 통조림을 써도 좋다.

2  레몬즙을 섞고 우유와 생크림을 조금씩 넣으면서 섞는다.

3  냄비에 물과 가루 한천을 넣고 중간불에 저으면서 2분 정도 끓인다.

4  한천물은 냄비 뚜껑을 닫지 않고 끓이며 설탕을 넣고 설탕이 완전히 녹으면 바로 불에서 내려 놓는다.

5  한천물이 뜨거울 때 복숭아 과육과 우유, 생크림 섞은 것에 넣어 잘 섞는다.

6  그릇에 담아 식으면 냉장고에 넣어 굳힌다.

## Tip

### 푸딩(Pudding)

달걀, 우유 등을 주재료로 하여 걸쭉하게 만든다. 따뜻한 디저트로 쓰기도 하고 냉각시켜서 차게 쓰기도 한다.

# Part

## 3

# 아이들생일에
## 웃음이 가득한 요리

건강하고 활기차게 뛰어노는

아이들을 보면 정말 사랑스럽습니다.

사랑스런 아이의 생일입니다.

오늘 하루는

친구와 함께, 가족과 함께 마음껏 축하받게 해 주세요.

머리가 좋아지는 식품, 성장하는 아이들의 발육에 도움을 주는 식품으로

맛있게 만들었습니다.

# 치즈 또띠아

재료 🫑 2인분

또띠아(20cm) 2장    토마토 1/2개    복숭아 1/2개    양파 1/4개    닭고기(가슴살) 100g    옥수수 통조림 2T
슬라이스 치즈 4장    버터 2T    모차렐라 치즈 6T    소금·후추 약간씩

이렇게 만드세요

2,3

4

5

1 통조림 옥수수는 체에 밭쳐 물기를 뺀다.

2 닭고기는 가슴살로 준비해 사방 2cm로 썰어 소금, 후추로 간을 한다.

3 토마토는 껍질을 벗기고 씨와 속을 뺀 후 사방 1cm 로 썰어 체에 밭쳐 물기를 뺀다. 양파, 복숭아도 껍질 을 벗겨 토마토와 같은 크기로 썬다.

4 프라이팬을 달구어 버터를 넣고 닭고기와 양파를 볶 아 꺼낸다.

5 프라이팬을 닦은 다음 달구어 버터를 넣고 또띠아를 올린다. 반쪽만 모차렐라 치즈와 슬라이스 치즈를 적 당히 잘라 얹는다.

6 5에 닭고기, 양파 볶은 것, 과일 썬 것과 옥수수를 올린다.

7 6에 모차렐라 치즈, 슬라이 스 치즈를 얹고 또띠아를 반 접어 뒤집어 치즈가 녹 도록 조금 더 굽는다. 치즈 가 녹으면 꺼내 먹기 좋은 크기로 썰어 담는다.

## Tip

**또띠아 (Tortilla)**

또띠아는 멕시코에서 일상적으 로 먹는 빵으로 둥글고 평평한 모양으로 얇은 팬케이크와 비슷 하다. 멕시코에선 또띠아를 이용 한 요리가 많다.
옥수수 가루나 밀가루로 만들며 야채, 치즈, 고기 등 다양한 속 재료를 넣어 싸 먹는다.

6

7

# 과일 식빵 피자

재료 🫑 2인분

식빵 4장　키위 1개　딸기 4개　황도 1/2개　올리브 4개
모차렐라 치즈 4T　마요네즈 2T

이렇게 만드세요

1　키위, 딸기, 황도는 얇게 편썰어 물기를 살짝 없앤다.

2　올리브는 모양대로 둥글게 썬다.

3　식빵은 가장자리를 잘라낸 위에 마요네즈를 바르고 과일 일부를 보기좋게 얹는다.

4　과일 위에 모차렐라 치즈를 얹고 나머지 과일을 올린 후 다시 모차렐라 치즈를 얹는다. 치즈는 부드럽게 된 상태로 쓰면 구울 때 쉽게 녹는다.

5　프라이팬을 달군 뒤 과일과 치즈를 올린 식빵을 놓고 뚜껑을 덮어 약불에서 치즈가 녹을 정도로 굽는다.

6　먹기좋은 크기로 잘라 예쁘게 담아 낸다. 모차렐라 치즈는 따뜻할 때 먹어야 쫀득한 맛을 느낄 수 있다.

🌶 식빵 가장자리가 남았으면 적당히 잘라 기름에 튀기거나 버터에 구워 설탕을 뿌려 먹으면 훌륭한 간식이 된다.

## Tip

### 모차렐라 치즈 (Mozzarella Cheese)

치즈란 우유를 유산균이나 효소 작용으로 응고시켜 수분을 제거한 것으로 단백질, 칼슘, 비타민 등이 우유의 8~10배 정도 들어 있다. 고열량 식품으로 향과 맛이 좋으며 소화 흡수율이 좋다. 모차렐라 치즈는 보통 피자 만들 때 쓰는 피자 치즈를 말한다. 수분의 함량이 높고 부드러우며 쫄깃한 씹는 맛을 느낄 수 있다.

# 람부탄과 떡 베이컨 말이

재료 🟡 2인분

베이컨 8줄   람부탄 10개   설탕 1T   물 2T   떡볶기 떡 6개
올리브오일 2T   꼬지 6개

*이렇게 만드세요*

1  람부탄은 생것일 경우에 가운데 칼집을 내서 양쪽을 양손으로 비틀어 껍질을 벗기고 씨를 발라 낸다. 통조림으로 쓸 때는 과육만 꺼내 쓴다. 키친타월에 올려 물기를 빼 둔다.

2  베이컨은 한 장씩 떼어 쓰기 편하게 준비해서 람부탄을 한번 말 수 있는 길이로 자른다.

3  떡볶기 떡은 말랑하면 그대로 쓰고 딱딱하면 뜨거운 물에 데쳐서 쓴다. 람부탄 길이에 맞춰 자른다.

4  람부탄과 떡에 따로 베이컨을 말아서 꼬지에 2~3개 정도 번갈아 끼운다.

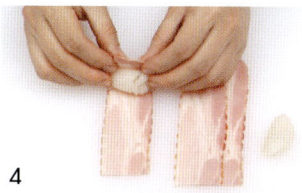

5  프라이팬을 달구어 올리브오일을 두르고 4의 베이컨 말이를 골고루 익혀 낸다.

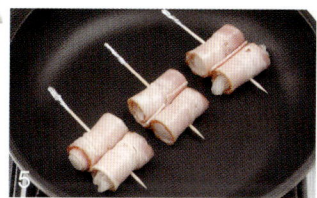

❤️ 베이컨은 원래 돼지의 옆구리 살이라는 뜻으로, 배 부분육이나 또는 특정 부위를 소금에 절여 나무 태운 연기로 훈제한 것이다.

## Tip

### 람부탄(Rambutan)

말레이시아가 원산지이다. 람부탄이란 말레이시아 말로 털이 있는 열매라는 뜻인데, 껍질 전체에 빨간 털이 나 있는 모양 때문에 붙여진 것이다. 모양은 타원형이고 과육은 반투명한 흰색으로 과즙이 많고 달며 신맛이 있다. 보통 통조림을 이용하는데 생과일을 구입해 쓰면 새로운 기분과 맛을 느낄 수 있다.

# 토마토 참치볼 볶음

재료 🫑 2인분

참치(통조림) 150g　빵가루 5T　달걀 1개　올리브오일 2T　토마토 1개　다진 마늘 1t　완두콩(통조림) 2T
토마토케첩 2T　레드와인 1T　소금 · 후추 약간씩　**참치 양념** (다진 마늘 1t　레드와인 1T　후추 약간)

*이렇게 만드세요*

1 참치는 통조림으로 준비해서 체에 밭쳐 기름을 뺀다.

2 참치는 숟가락으로 끊어 주면서 다져 양념한 후 달걀, 빵가루를 섞어 잘 치대서 완자를 만든다(작은 숟가락으로 떠서 모양을 만들면 쉽다).

3 토마토는 반으로 갈라 씨를 제거하고 큼직하게 썬다.

4 프라이팬을 달궈 올리브오일을 두른 뒤 참치 완자를 갈색이 나게 지진다. 서로 붙지 않게 골고루 익힌 후 꺼내어 기름을 뺀다.

### 참치

참치에는 지방과 탄수화물은 적고 필수 단백질이 많이 들어있어 두뇌 발달과 신체의 성장에 좋다. 또 여러 가지 필요한 영양소가 골고루 들어있다. 뇌세포를 구성하는 성분 중 하나인 DHA와 성인병 예방에 좋은 EPA가 들어있어 기억력을 증진시킨다. DHA는 등푸른 생선 중 특히 참치에 많이 들어있다.

5 프라이팬을 달구어 올리브오일을 두르고 마늘을 볶아 향을 낸 뒤 토마토를 볶는다.

6 5에 레드와인과 토마토케첩을 넣어 볶아 신맛을 없앤다. 소금, 후추로 간을 하고 참치볼, 완두콩을 넣어 살짝 볶는다.

# 모과 소스 생선찜

재료 🟡 2인분

흰살 생선 2토막   소금 · 후추 약간씩
모과 소스 (모과청 2T  다진 마늘 1/2t  물 2T  청주 2T  올리브오일 1T  소금 약간)

*이렇게 만드세요*

1 흰살 생선은 병 뚜껑이나 숟가락을 이용해 비늘을 긁어 내고 머리를 잘라낸 다음 내장을 꺼내고 15cm 길이로 토막 낸다.

2 생선을 반 갈라 깨끗이 씻는다. 뼈를 제거해 살만 발라 낸다.

3 손질한 생선을 키친타월로 닦아 물기를 없애고 소금과 후추로 밑간한다.

4 접시에 나무젓가락을 걸치고 손질한 생선을 얹는다. 3분 정도 전자레인지에서 익히거나 찜기에 쪄서 반정도 익힌다.

5 프라이팬에 분량의 모과 소스 재료를 섞어 한번 끓인다.

6 끓인 소스에 4의 생선을 넣어 향긋한 모과 냄새가 배도록 조린다. 달콤해서 아이들이 좋아한다.

## Tip

### 모 과

중국이 원산지로 열매는 가을에 맺는다.
향기가 뛰어나고 감기 예방, 감기 치료와 기침에 좋고 장을 튼튼하게 해준다. 알칼리성 식품으로 당분이 15% 정도 들어있다.

### 모과청 만들기

모과는 깨끗이 씻어 닦은 후 반을 갈라 씨를 빼고 얇고 납작하게 썰어 모과와 설탕 비율을 1:1로 버무려 만든다. 소독해서 잘 말린 병에 담아 어둡고 시원한 곳에 보관한다.

# 바나나햄 스프링롤

재료  2인분

바나나(단단한 것) 1개    춘권피 4장    슬라이스햄 4장    홍·청 피망 1/3개씩    달걀 1/2개
계핏가루 약간    식용유 적당량

*이렇게 만드세요*

1 바나나는 단단한 것으로 준비해서 껍질을 벗긴다. 1/3등분해서 반으로 갈라 준비한다. 계핏가루를 살짝 뿌려 둔다.

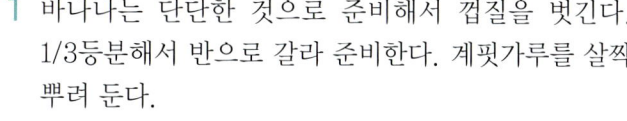

2 피망은 2가지 색으로 준비해 꼭지를 떼고 심을 제거하여 햄과 같은 길이로 굵게 채썬다.

3 춘권피는 해동시킨 다음 쓰기 좋게 한 장씩 떼어 놓는다. 촉촉한 행주로 덮어가며 써야 가장자리가 마르지 않는다.

4 춘권피 위에 슬라이스 햄을 깔고 그 위에 바나나, 피망을 올려 돌돌 말아 달걀물로 끝을 발라 붙인다.

5 160도 정도(소금을 넣었을 때 중간 정도 내려갔다가 올라오는 정도)의 튀김기름에 살짝 튀겨 낸다. 체에 밭쳐 기름을 뺀다.

4

6 먹기 좋게 썰어 접시에 담아 낸다. 뜨거울 때 먹어야 바삭바삭한 제맛을 느낄 수 있다.

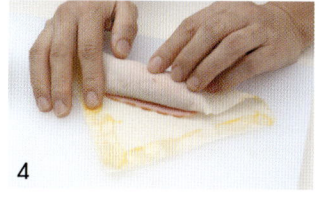
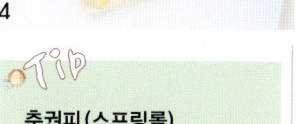
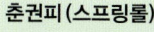

### 춘권피 (스프링롤)

밀가루에 녹말가루, 달걀을 넣어 만든 밀전병이다. 춘권은 춘권피에 채소와 고기, 새우 등을 넣어 돌돌 말아 기름에 튀긴 것이다. 미국에서는 '스프링롤'이라고 부른다. 춘권피는 한번 구운 반죽을 얼려서 건조되지 않은 상태로 유통되므로 냉동실에 보관하고 자연 해동시켜 사용한다.

🍅 피망은 모든 고추를 뜻하는 것으로 프랑스어로 비타민A와 C가 풍부하며 소화기관을 튼튼하게 해준다.

# 두부 구이와 감 드레싱

### 재료 🫑 2인분

두부(200g) 1모   올리브오일 적당량   소금 약간
**감 드레싱** (홍시 1개  생강 약간  물엿 1T  녹말 1t  소금 약간)

1 두부는 직사각형으로 썰어 접시에 소금을 뿌리고 두부를 올린다. 그 위에 소금을 뿌려 둔다. 이렇게 하면 뒤집지 않아도 소금간을 골고루 할 수 있다.

2 키친타월로 살짝 눌러 물기를 없앤다.

3 생강은 껍질을 벗겨 강판에 1/2t 정도 갈아 놓는다.

4 물기를 없앤 두부는 프라이팬을 달구어 올리브오일을 두르고 노릇노릇하게 굽는다.

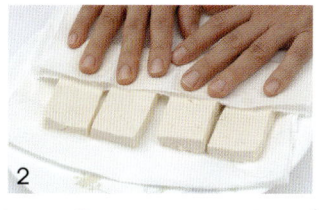

### Tip

**두부**

영양가가 많은 콩으로 만든 두부는 소화율이 95% 이상으로 뛰어나다. 알칼리성 식품으로 우수한 단백질 식품이다. 칼슘이 많이 들어있어 뼈를 튼튼하게 해 주며 레시틴이 풍부해 아이들 뇌의 활동을 증가시키는 효과도 있다.

5 홍시는 말랑말랑하게 잘 익은 것으로 준비해 껍질, 씨, 심을 제거하고 과육만 발라 낸다.

6 냄비에 홍시, 생강, 물엿을 넣고 살짝 끓인다. 불을 줄여 녹말을 넣고 뭉치지 않게 끓여 소금으로 간을 해서 감 드레싱을 만든다.

🌶️ 홍시는 수분이 풍부하고 달콤한 맛이 난다. 심장과 폐를 튼튼하게 하고 비타민C가 풍부해 감기 예방에 좋다.

# 월도프 샐러드

재료 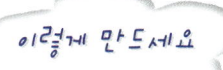 2인분

귤 1개    사과 1/2개    곶감 1개    셀러리 1/2대    호두 1/4컵    레몬즙 약간
드레싱 (마요네즈 1/2컵    플레인 요구르트 1/4컵    설탕 1t    레몬즙·소금·흰후추 약간씩)

*이렇게 만드세요*

1 사과는 깨끗이 씻어 껍질째 먹기 좋은 크기로 썰어 색이 변하지 않게 레몬즙을 뿌려 섞는다.

2 셀러리는 섬유질을 제거하고 사과와 같은 크기로 썰어 놓는다.

3 귤은 껍질을 벗겨 알알이 떼어 둔다.

4 곶감은 꼭지를 떼고 마른 행주로 닦아 씨를 빼고 사과와 같은 크기로 썬다.

5 호두는 끓는 물에 데쳐 이쑤시개로 껍질을 벗겨 사과와 같은 크기로 자른다.

6 분량의 재료를 섞어 드레싱을 만든다.

7 볼에 모든 재료를 넣고 준비한 드레싱으로 버무린다.

## Tip

### 곶감
### (Dried Persimmons)

떫은 맛이 있는 생감을 완숙되기 전에 따서 껍질을 벗겨 햇볕이 잘 들고 통풍이 잘 되는 곳에 매달아 말린다. 곶감을 말리는 과정에서 단맛과 비타민A가 날감보다 3배 정도 많아진다. 고열량 식품으로 당분이 45% 정도 들어있다.
곶감을 고를 때는 흰가루가 많고 도톰하고 단단한 것을 고른다.

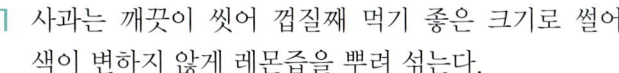

4

5

6

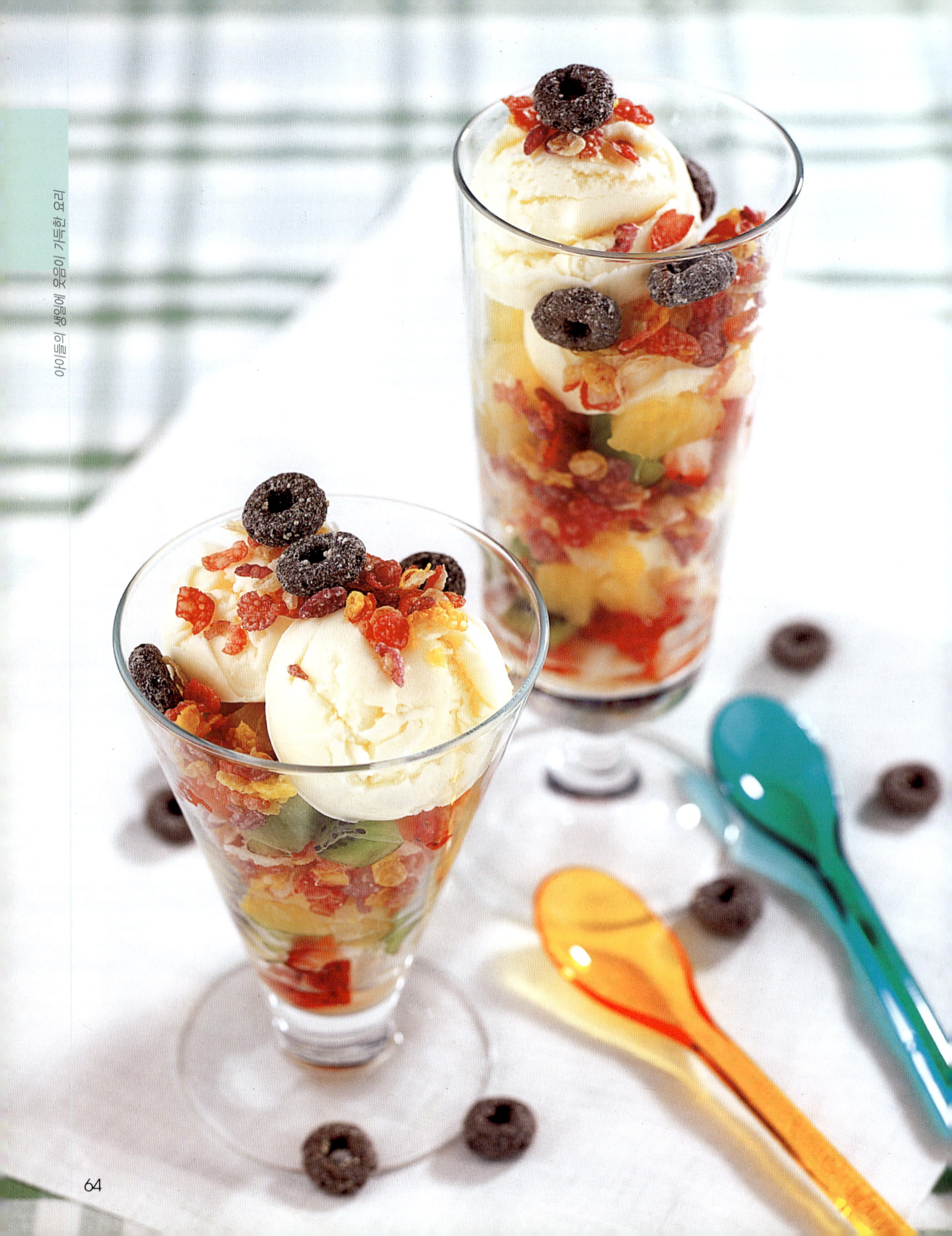

# 과일 파르페

재료 🍎 2인분

과일(딸기·키위·파인애플) 적당량    아이스크림 6볼
과자(씨리얼) 적당량

*이렇게 만드세요*

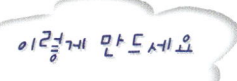

1

2

3

1 딸기는 깨끗이 씻어 꼭지를 따고, 키위는 씻어 껍질을 벗긴다. 파인애플은 껍질을 깎아 심을 삼각형으로 잘라내 과육만 준비한다. 통조림을 이용해도 좋다.

2 손질한 딸기, 키위, 파인애플은 각각 작은 사각형으로 썰어 놓는다.

3 춤이 높은 파르페 글라스를 준비해 썰어놓은 과일을 골고루 담는다.

4 3 위에 아이스크림을 동그란 모양으로 떠서 담는다.

5 4 위에 여러 가지 모양과 색깔의 씨리얼을 얹는다.

6 다시 썰어놓은 과일을 골고루 담고 아이스크림을 2볼 담는다.

7 6 위에 씨리얼을 장식하여 낸다. 초콜릿을 잘게 썰어 같이 뿌리거나 딸기·초코시럽으로 모양을 내도 예쁘다.

### 파르페(Parfait)

글라스에 아이스크림, 셔벗, 과일, 생크림 등을 교대로 담고 그 사이에 달콤한 소스를 넣은 것으로 냉동 디저트이다. 파르페란 이름은 신선한 과일과 아이스크림의 차가운 멋이 조화되서 더할 나위없이 맛있다는 의미이다.

5

6

Part

4

# 지친수험생에게
# 활기를 주는 요리

수험생들은 성적으로 인해

스트레스를 많이 받습니다.

수험생들에게

마음을 안정시킬 수 있는 식품,

뇌의 활동을 활발하게 하여 기억력과 집중력을 높이는 식품,

또 피부에 민감한 청소년들에게 피부 건강에 좋은 식재료로 만들었습니다.

실내 건조를 막고 눈에 피로를 풀어 주기 위해 공부방에 허브 화분을 놓으면 어떨까요?

# 단호박 카레

재료 🎃 2인분

단호박 200g  닭고기(가슴살) 100g  카레가루 70g  양파 1/3개
콩 불린 것 3T  물 2컵반  올리브오일 1T

이렇게 만드세요

1 단호박은 껍질을 벗기고 씨와 속을 파낸다. 주로 껍질 부위에 영양이 많으므로 손질할 때 껍질을 얇게 깎는다.

2 양파는 껍질을 벗기고 단호박과 같이 사방 2cm 정도로 썬다. 닭고기는 가슴살로 준비해 사방 3cm로 썬다. 마른 콩은 불려서 준비하며, 생콩을 써도 좋다.

3 냄비를 달구어 올리브오일을 두르고 닭고기를 볶다가 단호박을 넣어 볶는다.

4 3에 양파와 콩을 넣어 어느 정도 볶아졌으면 물 2컵을 넣고 끓인다.

5 거의 익었으면 찬물 1/2컵에 따로 풀어 놓은 카레가루를 넣어 뚜껑을 덮고 한소끔 끓여 낸다.

🍅 단호박은 비타민 C, E, 베타카로틴이 들어있어 암을 예방하고 감기에 좋다. 각종 미네랄이 풍부한 영양식이며 소화 흡수가 잘 된다.

### Tip

**카레(Curry)**

인도가 원산지로 카레가루는 주로 열대성 식물의 열매, 뿌리, 줄기, 잎 등 수십 종의 향신료를 배합, 숙성시켜 만든다.
카레가루를 사용해서 만든 요리로는 카레라이스, 카레수프 등이 있다. 톡 쏘는 향과 맛이 입맛을 돋우어 준다.

# 배와 견과류 토스트

재료 🫑 2인분

배 1/2개    호두 · 땅콩 · 잣 등 견과류 1/3컵
바케트 빵 4장    레드와인 2T    황설탕 3T    물엿 2T    셀러리 1/2대    버터 2T

이렇게 만드세요

1 견과류(호두, 땅콩, 잣)는 굵게 다진다.

2 배는 깨끗이 씻어 껍질, 씨와 심을 발라낸 후 굵게 다 진다. 셀러리는 섬유질을 벗겨내고 굵게 다진다.

3 법랑이나 유리냄비를 사용해 배와 레드와인을 재 놓 았다가 끓인다(이렇게 삶으면 배와 레드와인에 들어 있는 폴리페놀로 인해 피로 회복에 더욱 좋은 효과를 볼 수 있다).

4 3을 잘 저으면서 물기가 없어질 때까지 삶는다. 처 음에는 센불로 삶다가 어느 정도 졸여지면 약불로 줄 인다.

5 4에 황설탕과 물엿을 두 번에 나누어 넣으며 조린다.

6 물기가 어느 정도 없어지면 배와 견과류, 셀러리를 넣고 살짝 조려 속재료를 만든다.

7 바케트 빵에 버터를 바르고 구워 속재료를 올린 후 빵 한쪽을 덮어 접시에 담는다.

🌶 견과류는 딱딱한 껍질을 까서 먹는 아몬드, 호두, 잣 등을 말한다. 지방과 단백질이 풍부하고, 뇌에 산소 공급을 원활히 해주어 뇌활동 을 좋아지게 한다.

# 토마토 스파게티

재료 🟡 2인분

스파게티면 200g    올리브오일 3T    토마토(150g 정도) 2개    다진 마늘 1/2T    치킨 스톡 1/4조각
토마토 페이스트 2T    양파 1/2개    물 1컵    셀러리 1/2대    소금·후추 약간씩    월계수잎 2장    다진 파슬리 약간

이렇게 만드세요

1 토마토는 끓는 물에 데쳐 껍질을 벗기고 씨를 제거한
후 굵게 다진다.

2 셀러리는 겉의 섬유질을 벗겨 내고 굵게 다진다. 양
파는 껍질을 벗겨 굵게 다진다.

3 달군 프라이팬에 올리브오일을 두르고 다진 양파와
마늘을 넣고 볶다가 셀러리, 토마토를 일부는 남겨
놓고 나머지를 넣고 볶는다.

4 물, 치킨 스톡, 토마토 페이스트와 월계수잎을 넣고
약불에서 30분 정도 끓인 후 월계수잎을 꺼낸다(월
계수잎은 향을 내는데 사용하고 자체는 먹지 않는다).

5 4에 일부 남겨 놓은 다진 토마토를 넣고 살짝만 끓
인다. 소금, 후추로 간을 한다.

6 스파게티면을 삶을 때는 물을 면의 양에 5~6배 정도
로 잡고 끓인다. 물이 끓으면 소금을 조금 넣고 면을
부채살 모양으로 펼쳐서 넣는다.

7 10~15분 정도 삶아 하얀심이 약간 보일 정도가 되면
건져 체에 밭쳐 물기를 뺀다. 올리브오일에 살짝 버
무리면 서로 달라붙지 않는다.

8 그릇에 스파게티면을 담고 토마토 소스를 끼얹어 낸
다. 위에 일부 남겨놓은 셀러리와 파슬리 다진 것을
뿌려 장식한다.

# 과일 구이와 감자

재료 🥔 2인분

방울토마토 6개   감자 2개   슬라이스 치즈 2장
소금 2t   다진 파슬리 1t   올리브오일 2T

이렇게 만드세요

1 방울토마토는 씻어 꼭지를 따고 반으로 갈라 체에 밭 쳐 물기를 빼 놓는다.

2 소금을 조금 뿌리고 올리브오일을 두른 프라이팬에 방울토마토 껍질이 살짝 터지도록 굽는다.

3 감자는 모양이 둥글고 껍질이 얇은 것으로 고른다. 껍질을 깎아서 큼직하게 썬다. 전자레인지에 6분 정 도 익히거나, 물 2컵에 소금 1t를 넣어 삶는다.

4 뜨거울 때 감자를 으깨서 다 진 파슬리를 섞는다.

5 4위에 슬라이스 치즈를 잘라 올려 30초 정도 전자 레인지에 넣어 치즈가 녹 을 정도로만 살짝 익힌다.

6 감자와 방울토마토를 예쁘 게 담아 낸다.

🍅 감자와 치즈를 함께 먹으면 감자 에 부족한 지방과 단백질을 보충 해 주어 영양면에서 좋다.

## Tip

### 감자

감자의 성분은 수분이 약 80%, 탄수화물 16% 등으로 되어 있 다. 다이어트에 좋은 저칼로리 식품으로 알칼리성 식품이다. 특 히 인, 칼슘, 칼륨 등이 많이 들 어있다. 녹색으로 변한 곳과 싹 은 솔라닌이라는 독소가 있으므 로 많이 먹으면 어지럽고 복통 이 나므로 깨끗이 잘라내고 사 용한다.

# 파인애플 튀김만두

재료  2인분

파인애플 2장    리찌(통조림이나 생것) 5개    곶감 2개
땅콩 3T    크림 치즈 2T    찹쌀 만두피 10장    튀김 기름 1L

이렇게 만드세요

1  리찌 생것은 껍질을 벗기고 씨를 제거해 준비한다.
   통조림은 과육만 꺼낸다.

2  파인애플과 리찌는 굵게 썰어 키친타월에 올려 물기
   를 살짝 걷는다.

3  곶감은 꼭지를 딴 후 마른 행주로 닦아내고 씨를 뺀
   다. 껍질을 벗긴 땅콩과 같이 굵게 다진다.

4

4  1과 2에 우유와 생크림으로 만든 크림 치즈를 넣어
   고루 섞는다. 소금으로 간을 한다.

5  만두피에 4의 재료를 넣고 가장자리에 달걀 흰자를
   묻혀 반을 접는다. 양쪽 엄지손가락으로 잡고 삼각형
   을 만들어 속에 공기를 빼면서 누른다.

## 리찌(여지, Litchi)

중국 남부가 원산지이며 기원전
부터 재배되고 있는 과일이다.
중국 당나라 때 양귀비가 좋아
했던 과일로 유명하다.
껍질은 붉은색이고 과육은 하얗
고 반투명으로 달고 신맛이 적
다. 빈혈 예방에 좋은 구리, 비
타민C, 엽산이 풍부하게 들어있
다. 엽산은 발육을 위해 꼭 필요
한 영양소이다. 스트레스 해소에
효과적이고 피부에 좋다.

6  가장자리를 포크로 눌러 모
   양을 내면서 붙인다.

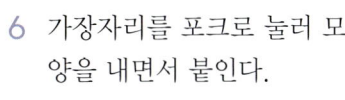

7  오목한 팬에 기름을 넉넉히
   붓고 160도 정도(소금을 넣
   었을 때 중간쯤 내려갔다
   올라오는 정도)로 뜨거워지
   면 만두를 넣고 노릇하게
   튀긴 후 기름기를 뺀다.

5

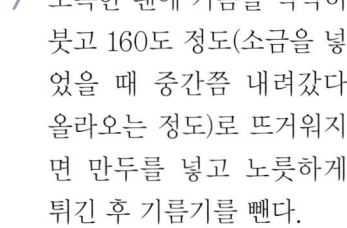

6

77

# 연어 와인구이

재료 🍎 2인분

연어 2토막   브로컬리 1/2송이   포도 1/3송이   녹말 1t   소금·흰후추 약간   올리브오일 적당량
**와인 소스** (화이트와인 5T  폰즈 소스 3T  물엿 1T  올리브오일 3T  다진 마늘 1T  로즈메리 다짐 1/2t  흰후추 약간)

*이렇게 만드세요*

1

3

1 연어는 손질할 때 비늘을 잘 벗긴다. 양념이 잘 배게 칼집을 내고 소금, 후추를 조금 뿌린다.

2 볼에 분량의 재료를 넣어 와인 소스를 만든다

3 와인 소스 반 정도의 양에 손질해 놓은 연어를 재서 랩을 씌워 냉장고에 30분 정도 넣어 둔다.

4 브로컬리는 송이를 나눠 끓는 물에 소금을 약간 넣고 데쳐 놓는다. 포도는 식초 탄 물에 깨끗이 씻어 알알이 떼어 놓는다.

### 연어 (Chum Salmon)

지방이 적고 맛이 담백해서 다이어트 식품이라 할 수 있다. 비타민B군과 뼈의 형성에 영향을 주는 비타민D군이 풍부하여 피부 미용과 정신 건강에 좋으며 비타민A도 풍부해 눈에 피로가 빨리 오는 사람에게 좋다. 불포화 지방산인 DHA 함유량이 많아 뇌와 신경 조직의 형성과 유지에 중요한 역할을 하므로 수험생에게 좋다.

4

5

6

5 프라이팬에 올리브오일을 두르고 재놓은 연어를 굽는다. 센불에서 익히다 겉이 익으면 약불로 줄인다. 거의 익었을 때 포도를 넣어 살짝 익힌다.

6 남은 와인 소스는 살짝 끓여 녹말을 넣고 걸쭉하게 만든다.

7 접시에 연어와 브로컬리, 포도를 담은 후 **6**의 와인 소스를 끼얹는다.

# 키위와 돼지고기 냉채

재료 🫑 2인분

돼지고기 삼겹살(덩어리) 150g    미나리 10줄기    키위 1개    콩나물 100g    래디시 2개    소금 약간
키위 드레싱 (키위 2개   화이트와인 식초 1T   소금 약간   화이트 와인 3T   설탕 1/2T)

이렇게 만드세요

1 돼지고기는 삼겹살을 덩어리로 준비해 살짝 얼린 후 아주 얇게 4cm 길이로 썬다.

2 냄비에 물을 넉넉히 담아 끓으면 돼지고기를 한 장씩 넣어 데친다. 고기색이 하얗게 변하면 바로 건져 얼음물에 헹구어 식힌다.

3 미나리는 줄기 부분으로 손질해 4cm 길이로 썬다. 끓는 물에 소금을 조금 넣고 살짝 데친다. 건져서 찬물에 헹구어 체에 밭쳐 물기를 뺀다.

4 콩나물은 머리와 꼬리를 떼고 찬물에서부터 넣어 데친 후 뚜껑을 닫아놓고 2~3분 뒤에 건져서 찬물에 헹구어 체에 밭쳐 물기를 빼 놓는다.

5 래디시는 씻어 얇게 편썬다.

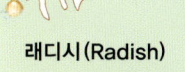

## 래디시(Radish)

원산은 유럽이며, 뿌리는 적색, 백색, 자주색 등이 있다. 아삭한 맛과 과즙이 많은 편이라 보통 샐러드 등에 사용한다. 색이 예뻐서 장식용으로도 많이 쓰인다.

6 키위는 껍질을 벗겨 1개는 반달 모양으로 썰고, 2개는 강판에 간다. 갈은 키위와 분량의 재료를 섞어 키위 드레싱을 만든다.

7 접시에 돼지고기, 미나리, 콩나물, 키위를 담고 소스를 끼얹는다.

# 아보카도 오징어 샐러드

재료  2인분

아보카도 1/2개   오징어 1마리   무순·연어알 ·소금 적당량
소스 (피시 소스 2T   레몬즙 3T   설탕 1t   고춧가루 1t   식초 1T)

1 아보카도는 길이로 반을 갈라 씨를 빼내고 껍질을 벗긴 다음 편썬다. 레몬즙을 뿌려 두어 색이 변하지 않게 한다.

2 무순은 잡티를 제거한 후 깨끗이 씻어 물기를 뺀다.

3 오징어는 싱싱한 것으로 골라 다리, 내장을 깨끗이 제거한다. 굵은 소금으로 비벼 껍질을 벗긴다.

4 오징어 안쪽에 마름모 모양이 되도록 5mm폭으로 칼을 옆으로 뉘어서 곱게 칼집을 넣은 후 한입 크기로 자른다.

5 4를 끓는 물에 약간의 소금을 넣고 살짝 데친 후 얼음물을 바로 넣어 식힌다. 오징어의 물기를 키친타월로 닦아 없앤다.

6 오징어를 펴서 아보카도와 무순을 넣고 만다. 그 위에 연어알을 올린다.

7 소스를 만들 때 고춧가루가 굵으면 체에 걸러 곱게 만들어 섞는다.

오징어에는 타우린이 들어있어 병에 대한 저항력을 길러 주고 피로 회복에 좋다.

# 과일과 아이스크림

재료  2인분

프루트 칵테일(통조림 과육) 4T    바닐라 아이스크림 6볼
과일(오렌지·수박·사과·멜론) 적당량

이렇게 만드세요

1

2

3

1 프루트 칵테일 통조림을 준비해 물기를 빼서 과육만 준비한 후 아이스크림 접시에 펼쳐 놓는다.

2 멜론은 삼각형으로 썰어 칼집을 낸다. 밑에 부분만 남기고 껍질을 벗겨 안으로 말아 모양을 낸다.

3 오렌지는 반으로 잘라 등에 칼집을 넣어 껍질을 도려 낸 후 반달로 편썬다.

4 사과는 1/4등분해서 양쪽으로 칼집을 넣은 후 하나씩 위로 밀어올려 모양을 만든다.

5 수박은 1/8등분해서 편썰어 껍질을 양쪽으로 잘라내어 나무 모양으로 만든다.(메인 사진 참조)

6 프루트 칵테일 위에 과일을 놓고 가운데 아이스크림을 담는다.

## Tip

### 아이스크림 (Ice Cream)

우유의 크림과 고형 성분을 섞어서 설탕과 향료, 안정제, 물, 유화제를 첨가하여 잘 저으면서 얼린 것이다.
좋은 아이스크림은 걸쭉하면서도 끈기가 있으며 입에 넣었을 때 여러 가지 재료의 풍미가 입 안에 느껴져야 한다.

4

6

Part

5

# 명절에 준비한
# 색다른 요리

명절엔 흩어져 살던 친척들이

모두 모여 서로의 안부를 묻고

즐거운 시간을 보냅니다.

그러나 주부들은 걱정이 많지요.

이번엔 뭐 특별한 요리, 뭐 새로운 요리는 없을까?

재료를 다시 사지 않더라도 상차림을 할 수 없을까?

이런 저런 걱정은 접어두고 차근차근 따라해 보십시오. 어른들의 노화를 늦추는 식품,

피로 회복에 좋은 식품, 소화가 잘되는 식품으로 만들었습니다.

# 파인애플 볶음밥

재료  2인분

파인애플 과육 150g    찬밥 1공기 반    다진 마늘 1t    돼지고기(살코기) 150g    작은 새우(분홍새우) 3T    양파 1/3개
마른 표고버섯 3장    피시 소스 1T    청·홍피망 1/3개씩    올리브오일 2T    소금 약간

이렇게 만드세요

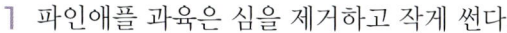

1  파인애플 과육은 심을 제거하고 작게 썬다.

2  껍질을 벗긴 작은 새우는 소금물에 살살 주무르듯이 씻어 깨끗한 물에 헹구어 물기를 뺀다.

3  마른 표고버섯은 깨끗이 씻어 찬물에 불려 기둥을 떼 낸 후 물기를 꼭 짜서 굵게 다진다.

4  돼지고기와 양파는 굵게 다진다. 피망은 꼭지를 따고 길이로 반 갈라 안에 있는 심과 씨를 제거한 후 굵게 다진다.

5  프라이팬에 올리브오일을 두르고 다진 마늘을 볶다가 썰어놓은 양파, 돼지고기, 새우, 표고버섯, 피망순으로 넣고 볶는다. 그릇에 따로 담아 놓는다.

6  다시 프라이팬에 올리브오일을 두르고 밥을 넣어 바닥에 얇게 펼친 뒤 조금씩 뒤집어 밥알이 고슬고슬하게 되도록 볶는다.

7  밥이 어느 정도 볶아지면 5의 재료와 썰어 놓은 파인애플을 넣고 피시 소스, 소금으로 간을 해서 볶아 마무리한다.

## Tip

### 피시 소스(Fish sauce)

동남아시아 요리에 많이 사용되는 소스로 생선에 소금을 넣어 발효시킨 것이다. 옅은 갈색으로 감칠맛이 난다. 주로 양념으로 쓰이며 소금이나 간장 대용으로 간을 맞추는 데 쓴다.

# 메밀 크레이프

재료  2인분

메밀가루 1/2컵    달걀 1/2개    버터 1T    우유 1/2컵
야채(치커리 · 양상추), 과일(사과 · 복숭아) 적당량    햄(샌드위치용) 2장    식용유 적당량

이렇게 만드세요

1 메밀가루를 체에 2~3번 정도 내린다. 체에 여러 번 내릴수록 더 부드러워진다.

2 그릇에 버터를 담고 중탕으로 녹인다(전자레인지에 넣고 돌려도 된다). 버터 녹인 것에 달걀을 넣어 저은 후 우유와 체에 내린 메밀가루를 넣어 거품기로 부드럽게 저으며 반죽을 만든다.

3 반죽이 매끄럽고 잘 찢어지지 않도록 부치기 위해서 냉장고에 1시간 정도 넣어 둔다.

4 과일과 야채는 깨끗이 씻어 물기를 제거한 후 적당한 크기로 자른다. 햄은 샌드위치용으로 준비해 1/3등분한다.

5 프라이팬에 식용유를 키친타월에 묻혀 살짝 바르고 반죽을 떠 넣는다. 약한 불로 얇고 부드럽게 부친다.

6 부쳐놓은 크레이프가 식으면 폭 5cm 정도로 잘라 햄, 야채와 과일을 놓고 말아 꼬지를 끼운다.

## Tip

### 크레이프(Crepe)

밀가루, 우유, 달걀을 섞어 얇게 구워낸 케이크이다. 프랑스에서 바쁜 농번기 때 간식으로 먹기 위해 만든 요리였으나 요즘에는 식사 대용으로 먹기도 한다. 사람에 따라 잼, 시럽, 생크림 등을 끼얹어 먹는다. 속재료로 야채, 햄, 과일 등 여러 가지를 넣어 먹는다.

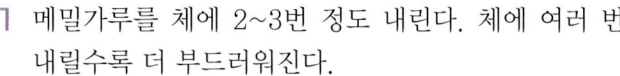

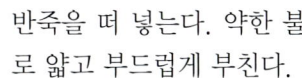

# 사과 삼겹살 구이

### 재료 🌶 2인분

돼지고기 삼겹살 200g   사과 1개   마늘 4쪽
올리브오일 약간   레드와인 3T   대파잎 약간   소금·후추 약간씩

 *이렇게 만드세요*

1 돼지고기는 얇게 썬 삼겹살로 준비해 레드와인 1T, 소금, 후추를 뿌려 30분간 재 둔다.

2 사과는 껍질째 세로로 반 잘라 씨를 뺀 뒤 얇게 편썬다. 마늘은 세로로 도톰하게 편썰고, 대파잎은 가늘게 채썬다.

3 프라이팬을 달군 후 올리브오일을 넉넉히 넣어 마늘을 노릇하게 튀겨 놓는다.

4 프라이팬을 달군 뒤 재운 돼지고기를 넣고 앞뒤로 뒤집어가며 노릇노릇하게 구워 놓는다.

5 깨끗한 프라이팬에 슬라이스한 사과를 놓고 그 위에 구운 돼지고기를 얹는다.

6 나머지 레드와인 2T를 뿌리고 중간불에서 사과가 완전히 익을 때까지 굽는다 (돼지고기를 이렇게 한번 더 구우면 사과향이 배어 맛과 향이 더욱 좋아진다).

7 구운 사과와 돼지고기를 접시에 겹쳐담고 튀긴 마늘과 대파잎을 얹는다.

### Tip
**돼지고기 (Pork)**

필수지방산이 풍부해 뇌의 활동에 없어서는 안되는 영양 식품으로 칼로리가 높다. 비타민 B₁이 소고기의 10배나 들어있다. 돼지고기는 조직이 연해 숙성할 필요가 없으며 육질은 생후 8~9개월 정도 지난 것이 가장 좋다.

# 과일 버섯 잡채

재료 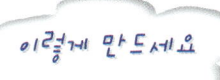 2인분

마른 표고버섯 4장　밤 4개　새송이 버섯 4개　단감 1/2개　비트 적당량　표고버섯 양념(간장·참기름 약간씩)
배 소스 (배즙 4T　양파즙 1T　잣 1T　식초 2T　설탕 2T　연겨자 1T　올리브오일 1T　간장 1t　소금 약간)

*이렇게 만드세요*

1　마른 표고버섯은 찬물에 담가 불린 후 기둥을 잘라내고 양 손바닥으로 눌러 물기를 뺀다. 채썰어 양념해서 볶는다.

2　단감은 꼭지를 떼고 껍질을 깎는다. 씨와 심을 제거하고 채썬다. 밤은 무겁고 윤기가 도는 것으로 골라 껍질을 벗겨 채썬다.

3　비트는 껍질을 벗겨 너무 길지 않게(4cm 정도) 채썰어 흐르는 물에 헹구어 물기를 뺀다.

### 밤(Chestnut)

밤은 따뜻한 성질의 식품으로 원기를 더해주고 위와 장을 튼튼하게 해준다. 자양 강장에 이상적인 식품이며 노화 방지, 암 예방에 효과가 있다. 밤은 칼로리가 높으며 비타민B군과 비타민C가 풍부하게 함유하고 있다. 칼슘, 철 등 무기질이 골고루 들어있어 근육이나 뼈를 튼튼하게 해 준다.

4　새송이 버섯은, 2개는 길게 편썰고 2개는 채썬다. 각각 프라이팬에 올리브오일을 두르고 살짝 익힌다.

5　배와 양파는 껍질을 벗겨 강판에 간다. 맑은 국물로 해도 좋고 갈은 건지가 있어도 괜찮다. 분량의 재료와 잣을 다져 배 소스를 만든다.

6　접시에 새송이 버섯, 손질한 과일과 표고버섯, 비트를 섞어 소복하게 담아 소스와 함께 낸다.

# 자몽과 삶은 문어

재료 🟡 2인분

문어 다리(생것) 2개    자몽 1/2개    무 1/5개    브로콜리 1/3개    소금 약간
소스 (간장 2T  다시마 국물 4T  설탕 1T  청주 1/2T)

이렇게 만드세요

1  무는 껍질을 깎아서 일부는 강판에 갈고, 일부는 적당한 크기로 썬다.

2  문어를 무즙으로 바락바락 주무른다(소금물로 씻으면 딱딱해진다).

3  문어가 잠길 정도의 물을 붓고 끓으면 문어 다리와 무 썬 것 2~3개와 같이 중간불로 20분 정도 익힌 후 불을 끄고 식을 때까지 그대로 둔다.

4  분량의 재료를 섞어 소스를 만든다.

### 문어 (Octopus)

다리가 8개인 문어의 제철은 겨울이다. 단백질이 많은 저지방 식품으로 다이어트에 좋다. 많은 무기질을 함유하고 있으며 뇌를 맑게 하고 구토와 설사를 진정시키는 효과가 있다. 이뇨작용, 해독작용도 있기 때문에 숙취에 좋다. 타우린이 들어있어 고혈압, 심장병을 예방하는 데 효과적이다.

5  자몽은 껍질을 벗기고 과육만 썰어 놓는다.

6  브로콜리는 송이를 나눠 끓는 물에 소금을 넣고 살짝 데쳐 놓는다.

7  문어를 적당한 크기로 잘라서 자몽, 브로콜리와 함께 접시에 담아 소스를 끼얹어 낸다(자몽과 문어, 브로콜리는 같이 먹으면 피로 회복에 좋다).

🌶️ 브로콜리는 철분과 칼슘, 비타민A와 C가 많다. 항암 작용이 뛰어나며 피부 건강에 좋다.

# 만두피 과일 샐러드

재료 🟡 2인분

만두피 10장    단감 1/2개    래디시 3개    양상추 3장    튀김기름 적당량
**과일 드레싱** (프루트 칵테일〈통조림〉 과육과 국물 1/2컵씩  생수 1컵  식초 2T  설탕 1T  간장 1/2T  소금 약간)

이렇게 만드세요

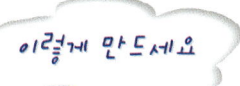

1 분량의 재료를 잘 섞어 과일 드레싱를 만든 후 차게 냉장고에 넣어둔다.

2 단감은 깨끗이 씻어 꼭지, 껍질, 씨를 제거한 후 채썬다. 래디시는 씻어서 채썬다.

3 양상추는 채썰어 얼음물에 담갔다 건져 체에 밭쳐 물기를 뺀다.

4 만두피는 굵게 채썬다(시중에 판매되는 만두피를 이용한다).

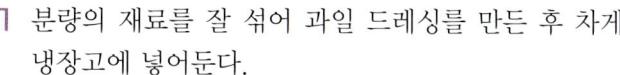

5 채썬 만두피는 튀김기름에 노릇하게 튀겨 기름을 빼놓는다.

6 접시에 채썬 양상추를 깔고 튀긴 만두피를 얹은 다음 단감과 비트를 섞어 얹는다.

7 차게 만들어 놓은 과일 드레싱을 먹기 직전에 끼얹어 낸다.

**Tip**

### 적당한 튀김온도 알아보기

굵은 소금이나 튀김옷을 넣어 알아본다. 150~160도 정도는 소금을 넣었을 때 팬 바닥까지 가라앉았다 천천히 떠오른다. 야채 튀김에 적당하다.
170도 정도는 중간까지 잠겼다가 잠시 후 떠오른다. 닭, 생선, 돈까스 등에 알맞다.
180~190도 정도는 거의 가라앉지 않고 곧바로 떠오른다. 새우, 굴튀김 등 잘익는 재료에 알맞다.

# 배 다시마 냉채

## 재료 🟡 2인분

염장 다시마 100g    배 1/2개    오이 1/2개    라이스 페이퍼 3장    설탕물 적당량    소금 약간

**초고추장** (고추장 3T    설탕 2T    식초 2T)

이렇게 만드세요

1 염장 다시마는 찬물에 담가서 바락바락 주물러 씻은 다음 여러 번 물을 갈아서 짠맛을 제거한다. 끓는 물에 살짝 데쳐 찬물에 헹궈 물기를 뺀다.

2 물기를 뺀 다시마는 10cm 폭으로 자른다.

3 배는 껍질, 씨를 빼고 채썬다. 색이 변하지 않게 설탕물에 담갔다 꺼내 물기를 제거한다. 오이는 소금으로 비벼 껍질을 씻은 후 10cm 길이로 채썬다.

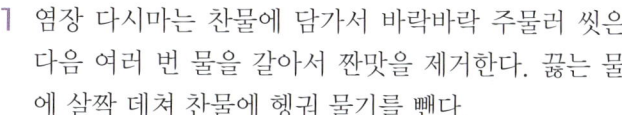
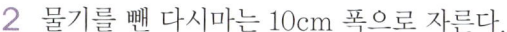

### TIP

**라이스 페이퍼**
**(Rice paper, 월남쌈)**

쌀가루를 곱게 빻아 물을 섞어 반죽한 후 프라이팬에 살짝 구워 볕에서 딱딱하게 말려 만든 것이다. 미지근한 물에 잠깐 20초 정도 불렸다가 쓴다. 쉽게 부서지므로 잘 보고 구입하며 부스러지기 쉬우므로 쓰고 남은 것은 비닐봉지에 꼭 싸서 보관한다.

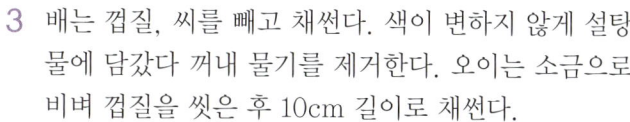

4 라이스 페이퍼는 넓은 그릇에 미지근한 물을 준비해 담가 둔다. 만져보아 부드럽게 불린 후 쓴다.

5 키친타월로 물기를 제거하고 다시마와 같은 폭으로 썬다. 길이는 길어도 좋다.

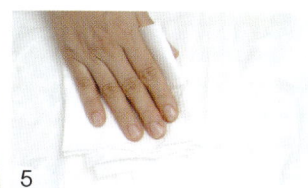

6 라이스 페이퍼 위에 다시마, 배채와 오이채를 얹어 돌돌 만다. 물에 적신 라이스 페이퍼는 쉽게 찢어지므로 조심해서 말아 준다.

7 분량의 재료를 섞어 초고추장을 만든다.

# 레모네이드

재료 🟡 2인분

레몬 1개   라임 1/2개   생수 1컵   설탕 시럽(물 4T+설탕 2T)   얼음·소금 적당량

이렇게 만드세요

1 레몬과 라임은 껍질을 소금으로 비벼 씻는다.

2 레몬을 반 갈라 즙을 짠다. 레몬즙은 걸러서 맑은 즙만 쓴다.

3 설탕과 물을 섞어 약한 불에서 끓여 시럽을 만든다.

4 레몬즙과 생수를 냉장고에 넣어 차게 두었다 설탕 시럽과 잘 섞는다.

5 라임 장식은 원형으로 편썰어 한쪽 방향에 칼집을 넣어 컵에 끼운다.

### 레몬(Lemon)

구연산이 많아 그 자체로는 산성이다. 거의 수입에 의존하고 있으며 지방, 칼슘, 비타민C, 섬유질이 귤보다 2~3배 정도 많이 들어있어 감기에 좋다. 스트레스 해소, 지방을 분해하는 작용이 있어 생선구이나 튀김 등에 뿌려 먹으면 좋다.

• 레모네이드는 상큼한 레몬향을 즐길 수 있는 음료이며 입안을 개운하게 해 준다. 비타민 A가 많아 피로 회복과 갈증 해소에 좋다.

• 라임은 레몬보다 작은 녹색 과일로 비타민 C가 많이 들어있다. 모양은 레몬과 비슷하게 생겼다.

# 과일 모듬 제리

재료 🍎 2인분

물 1컵   설탕 3T   가루 한천 2g(작은 스푼 1개)   소금 적당량
과일(딸기·감·키위) 적당량   오렌지즙 2t

이렇게 만드세요

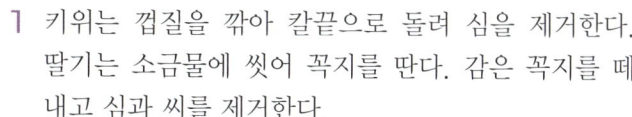

1  키위는 껍질을 깎아 칼끝으로 돌려 심을 제거한다. 딸기는 소금물에 씻어 꼭지를 딴다. 감은 꼭지를 떼내고 심과 씨를 제거한다.

2  손질한 과일들은 먹기 쉬운 크기로 썰어 그릇에 담아 놓는다.

3  냄비에 물과 가루 한천을 넣고 중간불에 2분 정도 저으면서 끓여 한천을 녹인다. 한천물은 냄비 뚜껑을 닫지 않고 끓이며 녹으면 바로 불에서 내려 놓는다.

4  설탕을 넣고 불을 끈 후 설탕을 완전히 녹인다.

5  오렌지 즙을 섞는다.

6  한천액이 굳기 전에 과일 담은 용기에 부어 응고 시킨다. 대개 실온에 1시간 정도만 두면 굳는다.

7  냉장고에 넣어 차게 해서 접시에 담아 낸다.

### TIP
**한 천**

액체를 고체로 굳히는 응고제이다. 우뭇가사리 같은 홍조류를 뜨거운 물로 끓여서 추출한 액을 여과, 응고시킨 후 동결, 용해, 탈수, 건조의 과정을 여러 차례 반복해서 만든다. 한천은 당질이 주성분으로 소화 흡수가 안되 저칼로리 식품으로 알려져 있으며 식이 섬유를 82% 정도 함유하고 있어 변비 치료에 좋다.

# Part

## 6

# 눈오는날에
## 만드는 멋진 요리

창밖에는

눈이 펑펑 내리고 있습니다.

서로 따뜻한 마음을 나누고

고마웠던 분들께 선물을 하면 어떨까요?

아쉬운 한해를 마무리하며 건강하고 활기찬 새로운 한해를 맞이하기를 바랍니다.

눈이 오는 날, 제일 먼저 생각나는 사람과 멋진 분위기를 연출하여

화려하고 특별한 요리를 만들어 함께 나누어 먹으면 더없이 행복하겠죠?

# 토마토 야채수프

토마토(150g 정도) 2개    양파 1/4개    당근 1/3개    양송이버섯 6개    올리브오일 1T    치킨 스톡 1/3조각
물 2컵    흰콩 불린 것 1/4컵    마른 바질 2t    토마토 페이스트 1/2컵    소금 약간

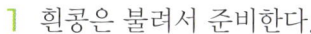

이렇게 만드세요

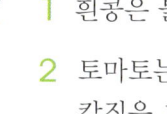

1  흰콩은 불려서 준비한다.

2  토마토는 먼저 꼭지를 도려내고 윗부분에 열십자로 칼집을 내서 꼭지 부분을 포크에 꽂아 끓는 물에 데친다.

3  껍질이 터지기 시작하면 바로 꺼내서 찬물에 담가 식힌 후 칼집에서부터 껍질을 당겨 벗긴다. 등분을 해서 씨를 빼고 굵게 썬다.

4  양파는 손질해 토마토와 비슷한 크기로 썬다. 당근은 껍질을 벗겨 토마토 크기로 썬다. 양송이 버섯은 밑둥을 약간 잘라내고 1/4등분한다.

5  냄비에 물 2컵과 치킨 스톡을 넣어 스톡이 풀어지도록 살짝 끓인다.

6  달군 냄비에 올리브오일을 두르고 토마토와 양파, 당근, 흰콩, 양송이버섯을 넣어 볶다가 5의 뜨거운 국물을 붓고 은근히 끓인다.

7  재료가 익으면 토마토 페이스트 1/2컵을 넣어 약불에 저어주면서 더 끓인다. 마른 바질을 넣고 소금으로 간한다.

🌶 토마토 페이스트는 이탈리아에서 나는 작고 긴 토마토와 소금, 향신료 등을 넣고 오래 끓여 농축한 것이다.

# 아보카도 손말이 김밥

재료  2인분

밥 1공기반    초밥초(식초 2T  설탕 1T  소금 약간)    김밥김 4장    아보카도 1개    달걀 2개    레몬즙 1t
당근·오이 1/2개씩    청주 1T    소금·식용유 약간씩    와사비(튜브용) 1T    진간장 1T

이렇게 만드세요

1 고슬하게 밥을 짓는다. 초밥초는 약불에서 저으면서 녹인다. 초밥초를 식혀 밥이 뜨거울 때 섞는다. 밥이 질어지지 않도록 뭉개지 말고 자르듯이 섞는다.

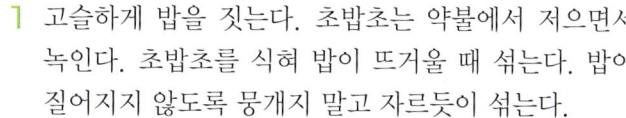

2 김은 앞뒤로 뒤집어가며 파르스름하게 구워 반 자른다. 손말이 김밥용 김을 구입하면 그대로 써도 된다.

3 아보카도는 잘 익은 것으로 준비해 길이로 칼집을 넣고 양손으로 살짝 비틀어 반 가른다. 씨를 파내고 과육을 숟가락으로 발라내거나, 칼로 껍질을 벗긴 후 저며 썬다. 레몬즙을 뿌리면 색이 변하는 것을 막고 먹기도 쉽다.

4 달걀에 청주와 소금을 넣어 간을 한 후 도톰하게 부쳐서 채썰고, 당근은 채썰어 끓는 물에 소금을 조금 넣어 데쳐 물기를 뺀다. 오이는 소금으로 비벼씻어 채썬다.

5 김 위에 적당한 크기로 뭉친 밥을 얹는다. 밥 위에 와사비 간장을 섞어 발라 준다. 아보카도와 채썬 달걀, 오이, 당근을 올린다.

6 김발을 쓰지 않고 손바닥 위에 김을 올리고 속재료를 넣어 나팔 모양으로 만다.

# 바나나 리조또

재료 🫑 2인분

쌀 1컵   바나나 1개   블루베리 2T   우유 2T   화이트와인 3T
파마산 치즈 2T   치킨 스톡 1/4개   물 1컵   올리브오일 1T

이렇게 만드세요

1 쌀은 씻어 체에 밭쳐 30분 정도 둔다.

2 바나나의 4/5은 사각으로 썰고, 1/5은 굵게 다진다.

3 오목한 팬에 올리브오일을 두르고 쌀을 충분히 볶은 후 화이트와인을 넣어 알코올 향을 날린다.

4 냄비에 물을 끓여 치킨 스톡을 넣어 풀어 준다.

5 볶은 쌀에 4의 뜨거운 닭 육수와 바나나(4/5), 블루베리, 우유를 천천히 조금씩 넣으면서 쌀을 익힌다. 이때 쌀이 냄비 바닥에 눌러붙지 않도록 잘 저어 주며 익힌다.

6 쌀이 익으면 다진 바나나(1/5)와 치즈를 올려 치즈가 살짝 녹도록 한다.

🌶 블루베리(Blue Berry)는 짙은 청자색의 작은 열매로 과실은 부드러우며 새콤달콤한 맛이 난다. 블루베리의 자색 색소에는 항산화 작용이 있어 노화 방지에 좋다.

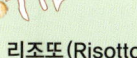

### 리조또 (Risotto)

전통 이태리식 볶음밥으로 쌀을 잘 익혀야 하는 것이 중요하다. 쌀알이 너무 퍼지지 않고 약간 씹히는 맛이 있을 정도로 익혀야 맛있으므로 쌀을 거의 불리지 않고 사용한다. 쌀을 충분히 볶은 후 뜨거운 국물을 조금씩 부어가면서 익힌다. 쌀이 전체적으로 잘 익도록 충분히 저어가며 익혀 준다.

# 과일 닭날개 구이

재료  2인분

닭날개 300g    녹말 1/2컵    화이트와인 1T    간장 1T    황도(통조림) 1개    말린 자두 4개    키위 1개    딸기 3개
소금·흰후추 약간씩    식용유 적당량    소스 (화이트와인 3T    머스타드 1T    레몬즙 1T    황도국물 3T    소금·흰후추 약간씩)

*이렇게 만드세요*

1

3

1  닭은 날개 부위로 준비해 소량의 화이트와인과 간장, 소금, 흰후추를 섞어 만든 국물에 재운다.

2  황도는 통조림으로 준비해 과육은 길이로 썰고, 국물은 소스 만들 때와 말린 자두를 불릴 때 사용한다.

3  말린 자두는 황도 국물에 재웠다가 부드러워지면 쓴다. 키위는 껍질을 벗긴다.

4  키위와 황도는 닭고기보다 조금 짧은 길이로 썬다. 딸기는 깨끗이 씻어 1/4등분 한다.

5  재워둔 닭에 녹말을 묻혀 달궈진 프라이팬에 식용유를 넉넉히 두르고 갈색빛이 나게 지진다.

6  분량의 재료를 섞어 소스를 만든다.

🍑 자두(plum)는 유기산과 비타민, 미네랄 등이 풍부하다. 특히 말린 자두에는 이러한 영양이 더 많이 들어있어 건강 식품이다.

5

6

**Tip**

### 닭고기

닭고기는 단백질 함량이 많은 반면 지방의 함량이 적고 칼로리가 낮아 다이어트식으로 좋다. 맛이 담백하고 소화 흡수가 잘 된다.
닭고기를 고를 때는 색이 선명하며 윤기 있는 것, 껍질의 모공이 뽀족하게 나와 있는 것이 신선하다. 근육을 눌렀을 때 적당한 탄력과 수분이 느껴지는 것이 좋다. 보관할 때는 다른 육류처럼 일정한 숙성 기간이 없기 때문에 바로 먹는 것이 좋다.

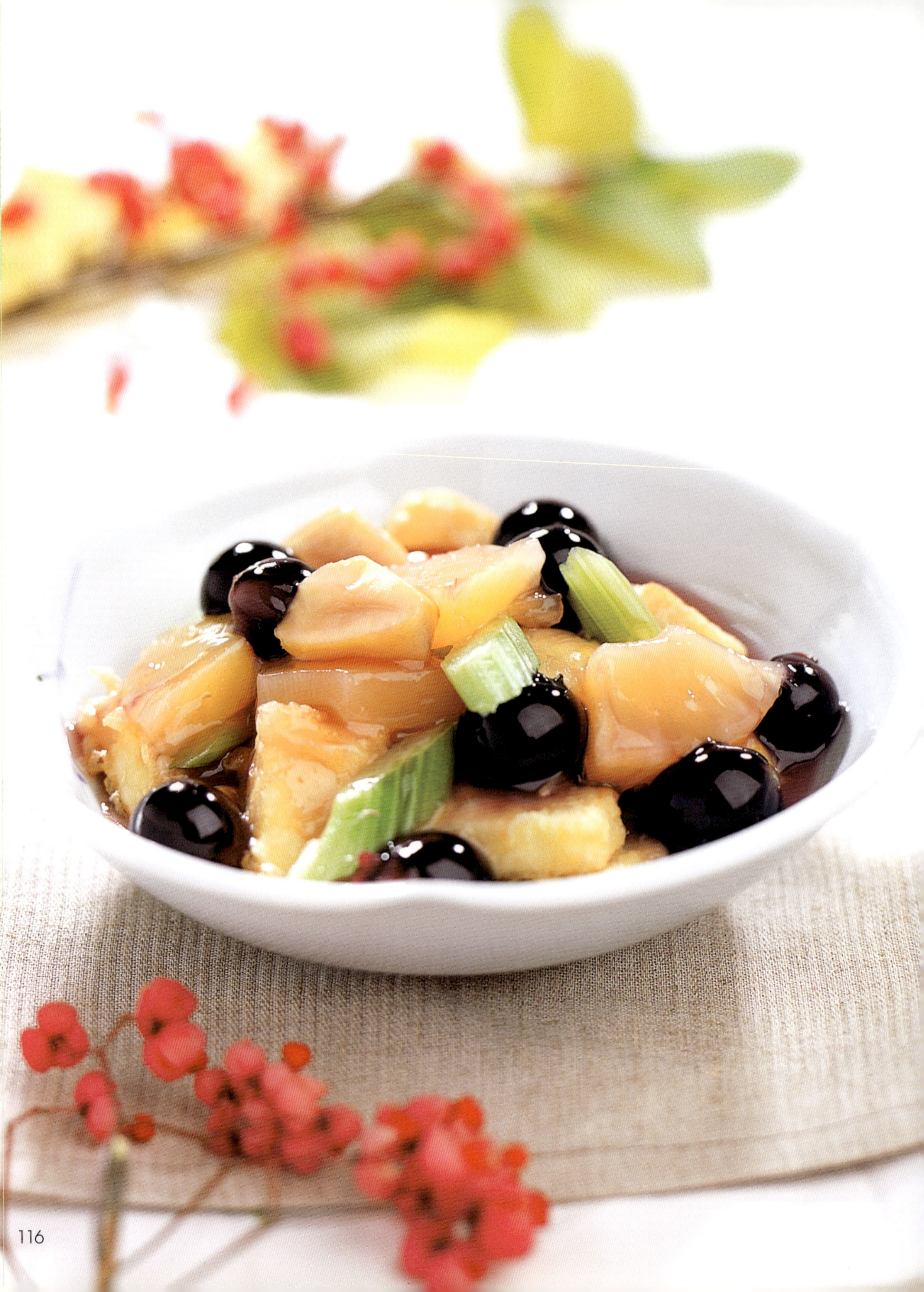

# 두부 과일 탕수

재료 🍎 2인분

두부 1모  과일(포도 · 밤 · 파인애플)  셀러리 1대  녹말 1/2컵  튀김옷(밀가루 1/2컵  얼음물 1/3컵  달걀 1/2개)  튀김기름 적당량  소금 약간
파인애플 소스 (파인애플 통조림 국물 2/3컵  포도주스 1/3컵  소금 1t  식초 2T  녹말물 3T  설탕 2T  흰후추 약간)

이렇게 만드세요

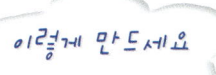

1 두부는 직사각형으로 썰어 접시에 키친타월을 깔고 전자레인지에 2분 정도 익혀 수분을 없앤다. 꺼내서 물기를 닦고 소금을 뿌려 밑간한다. 다시 한번 물기를 제거한다.

2 포도는 깨끗이 씻어 껍질째 준비하고, 파인애플 · 밤은 두부보다 작게 썬다. 셀러리는 섬유질을 제거하고 어슷썬다.

3 분량의 재료를 섞어 튀김옷을 만든다. 주루룩 흐를 정도면 알맞다.

4 물기를 뺀 두부에 녹말을 묻히고 튀김옷을 묻혀 160도 정도의 온도에서 노릇노릇하게 튀긴다. 두 번째 튀길 때는 180도의 온도에서 살짝 튀긴다. 체에 밭쳐 기름을 뺀다.

5 녹말물은 녹말과 물을 1:1로 섞어 잘 저어 준비한다.

6 냄비에 소스 재료 중 포도주스, 파인애플 통조림 국물, 설탕, 소금과 밤을 넣어 끓인다. 끓으면 불을 줄여 녹말물을 넣어 농도를 걸쭉하게 만든다.

7 6에 포도, 파인애플, 셀러리, 식초를 넣고 튀긴 두부를 넣어 살짝 버무린다.

117

# 굴 레몬 무침

재료 🟡 2인분

굴 150g   소금 적당량   영양부추 약간   레몬 1/2개   설탕 1t

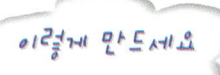 이렇게 만드세요

1 굴은 우윳빛이 돌고 탱탱한 것으로 준비한다. 연한 소금물에 되도록 손을 대지 말고 체에 담아 살살 흔들어 깨끗이 씻은 다음 체에 밭쳐 물기를 뺀다.

2 레몬은 껍질째 끓는 물에 살짝 데친다.

3 데친 레몬을 반으로 나눠 즙짜개로 즙을 짜고, 껍질은 속껍질을 벗겨 곱게 채썬다.

4 영양부추는 흐르는 물에 깨끗이 씻어 물기를 털고 송송 썬다. 레몬으로 만든 두 가지(즙, 채)를 그릇에 담아 준비한다.

5 볼에 분량의 레몬즙, 설탕을 넣어 녹인 후 준비한 굴과 레몬채을 넣어 가볍게 버무린다. 그 위에 영양부추를 넣어 색을 더한다. 소금으로 간한다.

## Tip

### 굴과 레몬

굴은 바다의 우유라고 불리울 만큼 영양가가 높다. 주성분은 단백질로, 심장병에 효과가 있는 타우린도 많이 들어있다. 또 철분이 많이 들어있어 빈혈에 좋다. 소화가 잘되고 칼슘이 많이 들어있어 발육기의 어린이, 임산부, 노인, 병후에 좋다.
굴은 조직이 연해 부패하기 쉽다. 산란기인 5~8월에는 먹지 않는 것이 좋다.
레몬은 굴에게 없는 비타민C를 보충해 주고 굴의 세균 번식을 억제하고 나쁜 냄새를 없애주며 살균 효과도 가지고 있다.

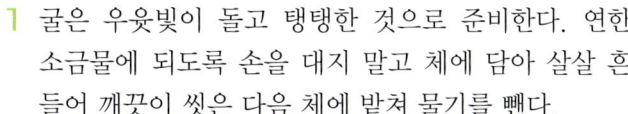
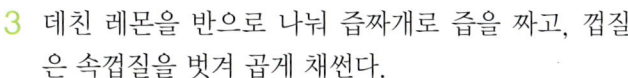
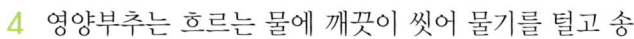

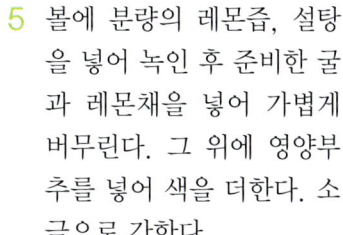

119

# 새우와 멜론 모듬

재료 🎃 2인분

새우(중하) 10마리    레몬 1개    방울토마토 4개    멜론 1/4개    파슬리 약간    소금 적당량    이쑤시개 10개    올리브 4개
크림 소스 (야채 스톡 1/4개    물 1컵    생크림 1컵    다진 양파 1T    화이트와인 2T    올리브오일 1T    소금·후추 약간)

이렇게 만드세요

1 새우는 등쪽의 두 번째 마디에 이쑤시개를 넣어 내장을 제거한다. 머리를 떼고 이쑤시개로 길게 꽂는다 (익혔을 때 구부러지지 않게 하기 위해서).

2 레몬은 소금으로 껍질을 비벼 씻어 1/2은 즙을 내고, 1/2은 반달 모양으로 편썰어 장식하는 데 쓴다.

3 새우는 끓는 물에 소금을 약간 넣고 삶는다. 너무 오래 익히면 질기고 단단해지므로 살짝 익힌다. 꺼내서 찬물에 한번 헹구어 식기 전에 이쑤시개를 뺀다.

4 새우의 꼬리 마지막 마디만 남기고 껍질을 깐다. 데친 다음 껍질을 벗기면 모양이 흐트러지지 않는다.

5 멜론은 껍질을 깎아 씨와 속을 제거한다. 새우와 비슷한 크기로 자른다. 올리브는 동그랗게 편썬다.

6 방울토마토는 씻어 꼭지를 제거하고 밑부분이 붙어 있게 십자로 칼집을 넣어 모양을 낸다. 파슬리는 찬물에 담갔다 물기를 턴다.

7 크림 소스는 올리브오일에 양파를 볶아 화이트와인을 넣고 조린다. 여기에 물, 야채 스톡, 생크림을 넣고 반으로 줄어들 때까지 조려 소금, 후추로 간한다.

# 토마토 치즈 샐러드

## 재료  2인분

토마토 1개　프레시 모차렐라 치즈 100g　비트 약간　양상추 3잎
**드레싱** (올리브오일 4T　와인 식초 2T　설탕 1t　소금·후추 약간씩)

*이렇게 만드세요*

1

2

1 토마토는 꼭지를 딴 후 도톰하게 편썬다.

2 프레시 모차렐라 치즈는 토마토보다 조금 작게 편썬다. 또는 수저로 떠서 준비해도 된다.

3 양상추는 씻어 얼음물에 담갔다가 물기 제거 후 적당한 크기로 자른다.

4 비트는 껍질을 깎아 가늘게 채썰어 흐르는 물에 헹군 후 물기를 뺀다.

### Tip

**샐러드(Salad)**

일반적으로 샐러드는 신선한 채와 과일 등을 이용해 만들며 소스를 곁들인 것을 말한다.
샐러드를 만들 때는 재료의 물기를 완전히 제거해야 깔끔하다. 물이 생기지 않게 하려면 땅콩을 다져서 밑에 깔고 샐러드를 얹거나 샐러드와 섞어 담는다. 땅콩이 물기를 흡수해서 물이 덜 생기고 또 고소한 맛도 느낄 수 있다.

3

5

5

5 양상추를 놓고 그 위에 토마토, 치즈를 올려 담은 후 비트 채썬 것을 올린다.

6 드레싱은 분량의 재료를 잘 섞어 준비한다. 조금씩 끼얹어 내도 된다.

🌶 프레시 모차렐라 치즈는 일반 모차렐라 치즈보다 연하고 우유의 향이 더 진하다. 샐러드로 먹거나 샌드위치의 속재료로 쓰인다.

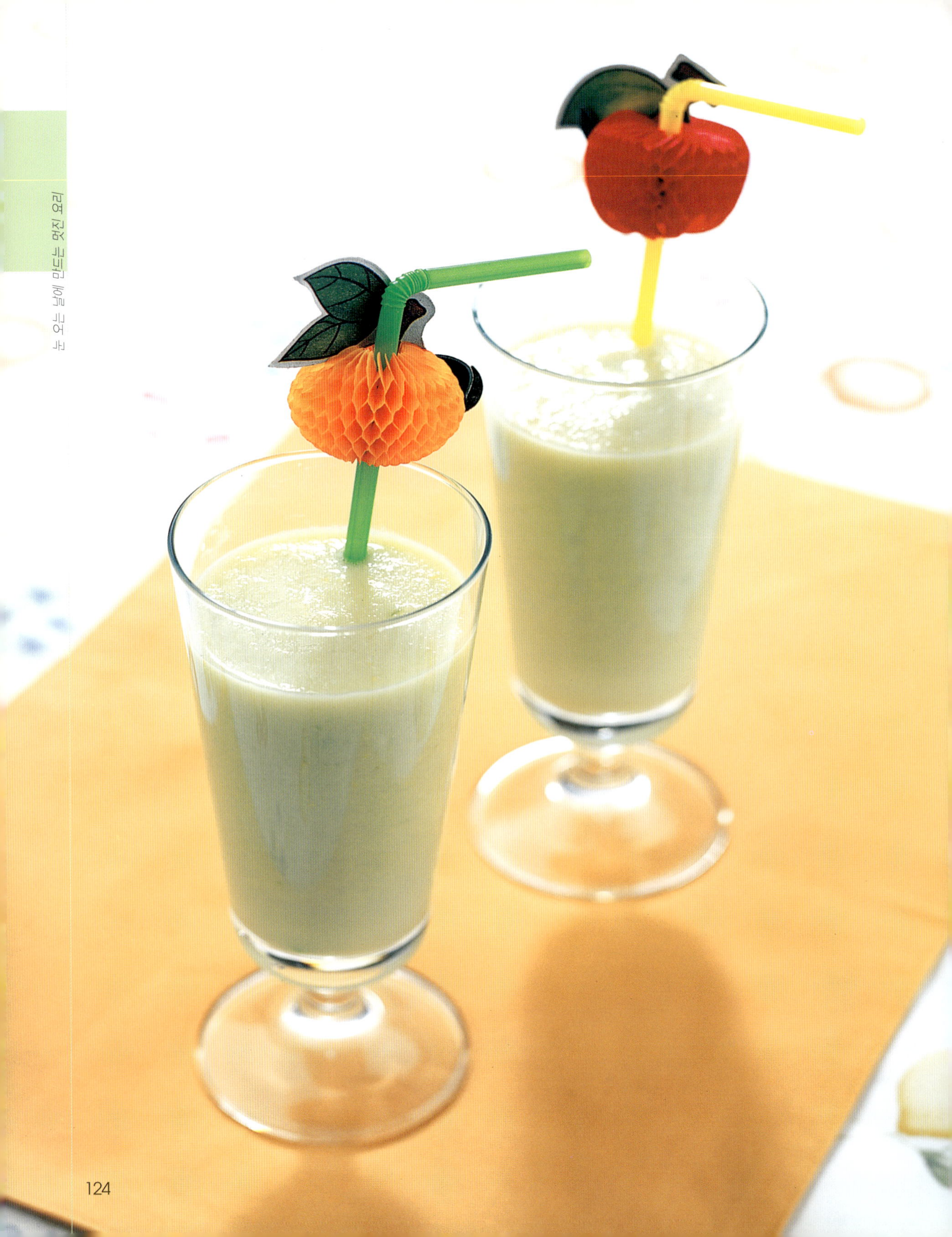

# 멜론과 옥수수

재료 🍈 2인분

멜론 300g   사과 1/2개   옥수수 통조림 100g   꿀 3T
생수 1/2컵   우유 1컵   얼음 적당량

*이렇게 만드세요*

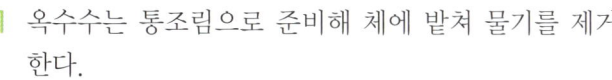

1. 옥수수는 통조림으로 준비해 체에 밭쳐 물기를 제거한다.

2. 멜론은 껍질을 깎아 씨와 속을 제거하여 적당히 썬다.

3. 옥수수는 생수를 넣고 믹서기에 간다.

4. 믹서에 간 옥수수를 체에 밭쳐 즙을 내린다.

5. 사과는 껍질과 심, 씨를 제거하고 적당한 크기로 썬다.

6. 4의 즙, 멜론, 사과, 우유, 꿀을 넣어 믹서기에 간다. 이때 얼음도 같이 넣어 갈아도 좋고 따로 띄워 내도 좋다.

7. 컵에 담고 허브잎을 띄워 내거나 예쁜 빨대로 장식한다.

## 옥수수

원산지는 남미로 척박한 땅에서도 잘 자란다. 주성분은 당질이다. 옥수수 씨눈에는 질 좋은 불포화 지방산과 비타민E가 많아 성인병 예방과 노화 방지에 좋다. 그러나 옥수수에는 나이신이 부족해 펠라그라에 걸리게 되는데 이런 결점을 보충할 수 있는 게 우유이다. 우유에는 필수 아미노산이 골고루 들어있어 옥수수와 우유를 같이 먹으면 좋다.

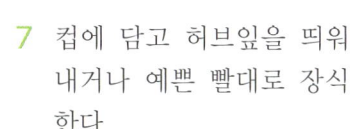

# 부록

# 과일의 성분 및 고르는 방법

과일(fruit)은 사람들이 식용으로 하는 열매를 말하는 것으로, 과육과 과즙이 풍부하고 단맛이 많으며 향기가 좋다. 제철에 수확하는 것이 가장 신선하고 영양과 향이 좋지만 말려서 또는 가공해서 늘 먹을 수 있다. 우리가 즐겨먹는 과일에 대하여 성분, 고르는 방법, 보관 방법 등을 자세하게 설명하였다.

## 감(Persimmon)

- 성 분 : 감은 한국, 중국, 일본이 원산지이다. 주성분은 당질로서 15% 정도 들어 있으며 비타민A와 C, 미네랄, 식물성 섬유가 풍부하며 신맛이 적다. 미네랄(무기질)은 피로가 빨리오거나 고혈압, 골다공증 등을 예방하는 데 좋다. 감을 많이 먹으면 변비가 오는데 이는 타닌 성분 때문이며 떫게 느껴지는 원인이기도 하다. 설사를 멎게하고 배탈 치료에도 효과적이다.
- 고르기 : 흠집이나 검은 반점이 없으며, 묵직한 것이 좋다. 껍질이 매끄럽고 선홍색을 띠는 것으로 고른다. 감은 꼭지의 반대쪽과 씨 주위가 다른 곳보다 달다.
- 보관하기 : 감은 수분이 80% 이상이므로 저장성이 좋지 않아 말려서 곶감을 만들거나 식초로 만들어 쓴다.

## 키위(Kiwi)

- 성 분 : 중국에서 뉴질랜드로 전해졌으며, 이 나라에 사는 희귀새인 키위와 생긴 것이 비슷해서 붙여진 이름이다. 비타민C가 많이 들어있어 면역력 · 저항력을 높이고 스트레스를 이겨내는 데 도움을 준다. 키위 반 개면 하루에 필요한 비타민C를 충분히 섭취할 수 있다. 단백질 분해 효소인 액티니진이 들어있어 고기나 생선같은 단백질 식품을 많이 섭취했을 때 디저트로 먹으면 소화가 잘 된다.
- 고르기 : 껍질이 갈색을 띠며 약간 탄력이 있고 흠집이 없으며 모양이 고른 것이 좋다. 전체적으로 약간 무른 것을 골라야 맛있다.
- 보관하기 : 익지 않은 것은 상온에 두어도 상관 없으며, 비닐봉지에 넣어 냉장고의 야채실에 보관해도 된다. 과육을 으깨어 레몬즙과 설탕을 넣어 냉동시켜 먹어도 좋다.

### 딸기(Strawberry)

- 성 분 : 유럽이 원산지로 알칼리성 식품이다. 과실 중에서 비타민C가 가장 많이 들어있으며 귤의 2배가 넘는다. 비타민C는 면역력을 강화시키기 때문에 감기나 편도선염 등에 효과가 있으며 체력 증진, 성인병 예방, 피부 미백, 피로 회복에 도움이 된다. 딸기를 하루에 5개 정도 먹으면 성인 하루 필요량을 섭취할 수 있다.
- 고르기 : 윤기가 있는 것, 과육의 색깔이 선명하고 물러진 곳이 없는 것을 고른다. 꼭지가 싱싱하고 표면에 씨가 울퉁불퉁하게 심하게 튀어나온 것은 좋지 않다.
- 보관하기 : 수분이 많아 상하기 쉬우므로 꼭지를 따지 않은 상태로 랩에 싸서 야채실에 둔다. 오래 저장하기 어려워 잼이나 술 등으로 만들거나 얼렸다가 세이크를 만들어 먹는다.

### 멜론(Melon)

- 성 분 : 동아프리카가 원산지이다. 껍질에 그물 모양이 있는 것과 없는 것이 있다. 당질의 과당과 포도당이 주성분으로 체내에서 잘 흡수된다. 비타민C, 카로틴, 칼륨을 함유하고 있으며 신맛은 없다. 동맥경화와 심장병 예방에 효과가 있다. 더울 때 먹으면 몸을 차게 해 주므로 여름에 먹으면 좋은 과일이다.
- 고르기 : 껍질 망모양의 간격이 촘촘하고 색상과 무늬가 선명한 것이 좋다. 노랗게 변한 것은 너무 익은 것이며, 꼭지의 아래쪽을 눌러보아 말랑말랑한 느낌이 날 때가 가장 맛있다.
- 보관하기 : 익을 때까지는 실온에 두었다가 잘 익으면 봉지에 넣어 냉장고에 보관한다. 시원하면 더 달게 느껴지지만 너무 차가우면 맛을 잘 느낄 수 없다.

### 귤(Orange)

- 성 분 : 중국이 원산지로 알칼리성 식품이다. 비타민C가 풍부하게 들어있어 각종 질병의 치료 및 피로 회복이나 피부 미용에 효과적이며, 감기 예방에 좋다. 특히 속껍질에 많이 들어있는 비타민P는 비타민C의 기능을 도와 모세혈관을 튼튼하게 만든다. 또 동맥경화와 고혈압 예방, 변비 예방과 치료에 좋으므로 벗기지 않고 먹는 것이 좋다.
- 고르기 : 탄력이 있고 껍질이 얇은 것, 꼭지가 싱싱하고 작은 것, 중량이 나가는 것이 좋다. 껍질과 알맹이가 따로 떨어져 있는 것은 좋지 않다.
- 보관하기 : 저장성이 좋지 않으므로 많이 사지 않는다. 비닐봉지에 넣어서 야채실에 넣으면 비교적 오래 보관할 수 있다. 귤상자에 넣은 채로 보관할 때는 어둡고 시원한 장소에 공기가 통하도록 뚜껑을 열어 두는 것이 좋다.

### 배(Pear)

- ● 성 분 : 중국이 원산지로 수분이 90%이며 주성분은 당질이다. 비타민류는 적지만 칼슘이 많이 들어있다. 각종 소화 효소를 함유하고 있어 육류 섭취 후 먹으면 입 안이 개운하다. 특히 배는 목 건강에 좋은 효과가 있으므로 목감기 예방이나 기침 또는 가래 해소에 좋다. 갈증과 숙취 해소에도 효과적이다.
- ● 고르기 : 약간 엷은 붉은기가 도는 맑고 선명한 색이 좋다. 껍질은 너무 두껍지 않고 약간 거칠며, 탄력이 있고 묵직한 것으로 고른다. 크고 모양이 좋은 것을 고른다.
- ● 보관하기 : 수분이 증발하지 않도록 비닐봉지에 넣어서 차고 어두운 곳에 둔다. 오래 보관할 때는 비닐봉지에 넣어 냉장고에 넣어 둔다.

### 사과(Apple)

- ● 성 분 : 우리나라 사람들이 가장 즐겨먹는 과일로, 알칼리성 식품이다. 수용성 식이섬유인 펙틴은 탄수화물의 일종으로 정장 작용을 하며 동맥경화의 예방, 비만 방지, 변비 등에 효과가 있다. 생명활동을 유지하는 데 중요한 역할을 맡고 있는 칼륨이 많이 들어있어 고혈압과 심장병 예방에 좋다.
- ● 고르기 : 색깔이 고르고 윤기를 띠며, 껍질에 탄력이 있는 것을 고른다. 껍질이 얇고 흠이 없으며 꼭지가 붙어 있는 것이 좋다. 너무 큰것보다는 중간 크기의 것이 맛도 좋고 저장성도 좋다.
- ● 보관하기 : 비닐봉지에 넣어 서늘하고 어두운 곳에 둔다. 오래 보관할 때는 냉장고 야채실에 둔다. 물에 설탕을 녹여 만든 시럽으로 사과를 삶아 콤포트를 만들거나 잼, 사과주, 사과초 등을 만들어 두면 좋다.

### 수박(Watermelon)

- ● 성 분 : 아프리카가 원산지로, 과일 중 저칼로리 식품이다. 과육은 적색과 황색이 있다. 시트룰린(citrulline) 성분이 이뇨 효과를 도와주며 심장병에 효과가 있다. 수박 속의 당분은 피로 회복에 도움을 주며, 수박의 중심부에 더 많다. 과육의 붉은 색소는 리코펜(lycopene)으로 암과 동맥경화 예방에 효과가 있으며, 낮과 밤의 기온 차가 심한 곳에서 재배되는 것일수록 색이 진하다.
- ● 고르기 : 껍질에 윤기가 있고 줄무늬가 굵으며 선명한 것, 색깔이 진하고 무거운 것을 고른다. 손가락으로 튕기면 맑은 소리가 나는 것이 좋다.
- ● 보관하기 : 냉암소에 보관하며 될 수 있는대로 빨리 먹는 것이 좋다. 양이 많으면 주스를 만들어 먹으면 여름철 갈증 해소에 좋다.

### 오렌지(Orange)

- **성 분** : 중국과 인도가 원산지로, 서구의 대표적인 감귤류이다. 대표적으로 발렌시아 오렌지와 네이블 오렌지가 있다. 비타민C가 풍부하게 들어있어 피로 회복과 소화를 돕는다. 혈관의 노화와 고혈압으로 인한 혈관의 파열을 방지한다.
- **고르기** : 둥근 모양으로 표면이 우툴두툴할수록 좋으며 껍질에 윤기가 돌며 들어보아 묵직한 것으로 고른다. 겉껍질의 오렌지색이 짙고 선명하며, 고르게 생긴 것이 좋다.
- **보관하기** : 서늘하고 어두운 곳에 보관하며, 먹다 남은 것은 냉장고에 넣어둔다. 설탕에 조려서 먹기도 하고, 과자나 케이크 만들 때 사용하기도 한다.

### 자몽(Grapefruit)

- **성 분** : 서인도가 원산지이다. 그레이프 프루트의 정확한 이름은 포멜로인데 열매가 포도송이처럼 달려 이런 이름이 붙여졌다. 과즙이 많고 쓴맛이 특징으로, 쓴맛은 나린긴이라는 물질 때문이다. 과육의 색은 두 가지가 있는데 대부분은 주황색이지만 핏빛깔이 나는 것도 있다. 귤보다 비타민C가 많이 들어있다. 열량이 낮아 비만이나 당뇨병인 사람에게 좋으며, 식이 섬유인 펙틴이 들어있어 변비에 좋다.
- **고르기** : 단단하고 손으로 들어서 묵직한 것이 좋으며, 껍질은 윤기가 돌며 탄력이 있는 것을 고른다.
- **보관하기** : 서늘하고 통풍이 잘 되는 곳에 보관한다. 냉장고 야채실에 두면 비교적 오래 보관할 수 있다. 주스나 잼 등을 만들기도 한다.

### 참외(Melon)

- **성 분** : 인도가 원산지로, 알칼리성 식품이다. 그 성질이 차며 맛이 달다. 수분은 96%이며 비타민A, $B_1$, $B_2$, 칼륨 등이 많이 들어있다. 수분이 많아 갈증을 없애고 이뇨 작용과 배변을 원활하게 해 주며 피로 회복에 좋다. 비타민A는 피부와 눈의 각막 등 상피조직에 작용하여 점막을 건강하게 만들며 야맹증을 예방한다.
- **고르기** : 모양이 고르고 육질이 단단하며, 노란색이 짙고 골이 깊이 패였으며 꼭지가 싱싱한 것으로 고른다.
- **보관하기** : 서늘하고 통풍이 잘 되는 곳에 보관한다. 수분이 증발하지 않도록 주의하며, 냉장고 야채실에 넣어 보관한다.

### 파인애플(Pineapple)

- ● 성 분 : 중앙아메리카와 남아메리카 북부가 원산지이다. 수분은 88.5%이며 비타민C가 많이 들어있다. 칼슘이 비교적 풍부한 편이며 향기가 좋다. 과육 중에 단백질 분해 효소인 브로멜린이 골고루 함유되어 있어 고기와 함께 먹거나 후식으로 먹으면 좋다.
- ● 고르기 : 향이 좋고 아랫부분이 통통하게 생긴 것으로 고른다. 밑부분부터 1/3 정도가 누렇게 된 것이 가장 적당히 익은 것이다.
- ● 보관하기 : 상온에서 보관하며, 자른 것은 냉장고 야채실에 넣어 둔다. 냉동 보관했다가 그대로 먹기도 한다. 말리거나 주스 또는 잼을 만들어도 좋다.

### 포도(Grape)

- ● 성 분 : 과일 중 대표적인 알칼리성 식품이다. 주성분은 당질로 포도당과 과당이 많다. 쉽게 소화 흡수되며 뇌의 작용을 활발하게 하는 효과가 있어, 먹으면 머리가 맑아지고 집중력을 높일 수 있다. 유기산과 펙틴이 많이 들어있어 변비 예방에 효과가 있다. 특히 껍질이나 씨에 많이 들어있는 폴리펜(polyphen)은 암이나 동맥경화 예방에 좋으므로 깨끗이 씻어 모두 먹는 것이 좋다.
- ● 고르기 : 줄기가 싱싱하고 색이 짙은 것, 알맹이가 꽉 차 있는 것, 껍질에 하얀 가루가 많이 묻어 있는 것이 좋다. 송이의 가장 아래쪽에 있는 알맹이의 맛을 보아 단 것을 고른다.
- ● 보관하기 : 비닐봉지에 넣어서 야채실에 보관한다. 될 수 있는 한 빨리 먹는 것이 좋다. 알을 따서 밀폐봉지에 넣어 냉동하여 반쯤 해동해서 먹거나 말려서 건포도를 만들거나 술을 담가도 좋다.

### 복숭아(Peach)

- ● 성 분 : 중국이 원산지이며, 세계적으로 생산되는 과일로 알칼리성 식품이다. 주성분의 90%가 수분이며 당분이 8~10% 정도 들어있고 신맛이 조금 난다. 이뇨 작용이 있는 칼륨과 혈액 순환을 잘 되게 하는 나이아신이 비교적 많이 들어 있다.
- ● 고르기 : 색이 선명하고 솜털이 고루 있으며 탄력이 있는 것, 흠집이 없고 무른 곳이 없는 것, 달콤한 향이 나는 것을 고른다. 씨의 주위와 꼭지 부분이 더 달다.
- ● 보관하기 : 과육이 물러 쉽게 변하기 쉬우므로 취급에 주의한다. 냉장고에 오래 보관하면 맛이 떨어진다. 오래 보존할 때는 잼 또는 콤포트를 만들거나 냉동 보존한다.

## 망고(Mango)

● 성　분 : 아시아 아열대 지역이 원산지이다. 세계에서 가장 많이 재배되고 있는 열대 과일로 과일 중에 왕으로 불린다. 껍질이 노란 페리칸 망고와 초록색에서 적색으로 변하는 애플 망고가 있다. 비타민A, C, D가 많이 들어있으며 당질과 카로틴이 풍부하다. 특히 카로틴은 모든 과일 중에 가장 많이 들어있다. 망고는 몸에 저항력과 면역력을 증진시켜 주며, 피부를 탄력있게 하고 빈혈에도 좋다.
● 고르기 : 겉이 매끈하고 검은 반점이 없으며, 흠이 없는 것을 고른다.
● 보관하기 : 색이 노랗게 되면 비닐봉지에 넣어서 냉장고에 보관한다. 1~2주일 은 보관이 가능하다. 주스나 디저트 등으로 먹는다.

## 아보카도(Avocado)

● 성　분 : 멕시코와 남아메리카가 원산지이다. 껍질은 단단하고, 과육은 버터같이 부드러우며 노란색을 띤다. 영양가가 매우 높다. 지방이 30% 정도인데 주로 불포화지방산이기 때문에 콜레스테롤 걱정은 안해도 된다. 탄수화물, 단백질, 비타민이 많이 들어있다. 혈관의 노화를 막고 암을 예방하며, 성인병 예방에 효과적이다. 특히 여성에게 결핍되기 쉬운 철분이 많이 들어있어 빈혈 예방에 좋다.
● 고르기 : 잘 익은 것은 흑갈색을 띠며, 밑부분을 눌렀을 때 약간 무른 것을 고른다.
● 보관하기 : 상온에 두었다가 익으면 냉장고에 보관한다. 섭씨 5도 이하가 되면 저온 장애를 일으켜 변하므로 주의한다. 남은 것은 레몬즙을 뿌려 비닐랩에 싸서 냉장고에 보관한다. 레몬즙을 뿌리면 비타민C가 더해져 지방대사가 증가되고, 색이 변하는 것을 방지하며 먹기도 훨씬 수월하다.

## 바나나(Banana)

● 성　분 : 말레이시아가 원산지이다. 바나나 1개(100g)에 90cal 정도로 과일 중 칼로리가 가장 높다. 주성분은 당질로 에너지가 높은 과일이다. 두뇌에 활력을 주고 비타민과 미네랄, 칼륨이 풍부하며, 식물성 섬유소가 많아 변비 예방에 좋다. 소화 흡수가 잘 되어 노인, 어른, 아이들, 환자에게 모두 좋다.
● 고르기 : 껍질이 노랗고 윤기가 나며, 껍질에 흠집이 없는 것이 좋다. 껍질에 갈색 반점이 나타날 때 가장 달다.
● 보관하기 : 가장 저장하기 좋은 방법은 섭씨 15도 가량의 온도에 보관하는 것이다. 찬곳(냉장고)에서는 쉽게 변질된다. 익은 것은 껍질을 벗긴 후 비닐랩에 싸서 냉동 보관한다. 냉동시킨 것은 해동하지 않고 그냥 먹거나 세이크 또는 주스를 만들어 먹는다.

# 퓨전요리에 자주 사용하는 부재료와 계량법

● 와인은 다른 재료를 첨가하지 않고 포도만 발효시켜 만든 발효주로 타닌, 비타민, 각종 미네랄 등 많은 영양소가 들어있으며, 무기질이 풍부한 알칼리성 술이다. 보통 요리에는 드라이 와인을 쓰는데 드라이 와인에는 소량의 당분이 들어있어 단맛을 느끼지 못한다.

● 우리가 많이 접하는 레드와인과 화이트와인에 대해 알아본다.

• 레드와인(red wine) : 적포도로 만들며 씨와 껍질을 그대로 오랫동안 발효시켜 만든다. 특히 타닌 성분과 폴리페놀 성분이 많이 들어있어 노화 방지, 암, 동맥경화와 심장병 예방에 효과적이다. 하루에 2~3잔 정도 마시면 가장 좋으며, 치즈가 들어간 파스타 요리나 고기 요리에 많이 쓰인다.

• 화이트와인(white wine) : 청포도로 만들며, 타닌 성분이 적어 맛이 깨끗하고 상큼하다. 튀김요리, 해산물요리, 바질과 토마토소스를 이용한 파스타 요리에 많이 쓰인다.

● 보관법 : 햇빛이 들지 않는 서늘하고 어두운 곳, 진동이 없는 곳, 온도는 섭씨 13도를 넘지 않는 곳에 보관하는 것이 가장 좋다.

● 와인 식초는 주로 샐러드 드레싱에 많이 쓰이며, 3가지로 나눌 수 있다.

• 레드와인 식초 : 레드와인을 발효시켜 만든 식초로 레드와인이 99.9% 이상 들어있다. 맛이 약간 떫으며 강하고 달콤하다. 맛과 향이 강한 채소나 익힌 채소와 잘 어울린다.

• 화이트와인 식초 : 화이트와인을 발효시켜 만든 식초로, 맛이 산뜻하고 담백하다. 맛과 향이 순한 야채나 해산물과 잘 어울린다.

• 발사믹 식초(balsamic vinegar) : 발사믹은 '향기가 좋다'라는 의미로, 향이 좋고 깊은 맛을 지닌 고급 포도 식초이다. 오래 숙성시켜 검은 빛을 띤다. 새콤달콤한 맛이 특징으로 여러 재료와 잘 어울린다.

● 보관법 : 뚜껑을 잘 닫아 햇빛이 들지 않는 서늘하고 어두운 곳에 보관하는 것이 좋다.

## 올리브 오일

● 올리브 오일은 올리브 나무의 열매인 올리브에 열을 가하지 않고 압축해 만든 것이다. 제조 과정에서 영양분 파괴가 적고 쉽게 산화되지 않는다. 올리브 오일에는 심장에 좋은 불포화 지방산이 풍부하다. 암 예방에 효과적이며, 피의 흐름을 원활하게 해 준다. 여러 가지 비타민이 들어있어 피부 건강에도 좋다.

● 올리브 오일은 짜내는 단계에 따라 등급이 나뉜다.

- 엑스트라 버진(extra-virgin) : 최고급 오일로, 올리브에 따라서 연두색에서 진한 초록색으로 색이 다양하다. 맛과 향이 강하며 섭씨 60도 이상으로 가열하면 그 고유의 향이 없어지므로 샐러드 소스나 재료를 재울 때 등 생으로 먹을 때 좋다.

- 퓨어(pure) : 엑스트라 버진을 짜고 남은 올리브유를 더 눌러서 남아 있는 기름을 한번 더 짜낸 것이다. 엑스트라 버진보다는 불순물이 조금 더 들어있는 편이지만 식용으로 쓰기에는 아무 지장이 없다. 재료를 구울 때나 볶을 때 또는 스프를 끓일 때 사용한다.

● 보관법 – 사용 후 뚜껑을 꼭 닫아 공기와의 접촉을 막는다. 어둡고 서늘하며 건조한 곳, 섭씨 8도 이하에서 응고되므로 상온에 보관하는 것이 좋다.

## 스톡(Stock)

● 스톡은 육류, 생선, 야채 등을 오랜 시간 끓여 맑게 거른 맛국물이다. 여기에 허브 등의 향신료를 첨가하기도 한다. 스톡은 스프와 소스, 그리고 다른 고기요리의 국물로도 사용된다. 요리할 때 사용하기 쉽게 육수를 농축시켜 고체로 만들어 시판되고 있다. 치킨 스톡, 소고기 스톡, 야채 스톡 등이 있다.

● 사용량과 보관법 : 사용량은 음식에 따라 또는 그 양에 따라 다르다. 습기가 없는 실온에서 보관하는 것이 좋다.

### 계량법

- 재료는 2인분 기준이다.

- 1T(1큰술) = 1 table spoon = 15ml
  1t(1작은술) = 1 tea spoon = 5ml
  1C(한 컵) = 1 Cup = 200ml

- 과일은 시기에 따라 크기와 맛이 차이가 난다. 이 책에서는 표준량을 적었으며, 식성에 따라 양을 조절한다.

# 과일을 이용한 생활의 지혜

**주전자나 냄비의 물때 없애기** : 주전자나 냄비의 물때 또는 얼룩을 없애려면 사과 껍질이나 레몬 껍질을 모았다가 물을 붓고 끓이면 말끔히 없어진다. 또는 토마토를 냄비에 통째로 넣고 끓인 후 물로 씻으면 새 것처럼 반짝거린다.

**기름기 많은 그릇 닦기** : 귤 껍질은 기름 분해 성분이 있어 프라이팬이나 기름기가 많은 그릇을 닦을 때 사용하면 좋다.

**도마의 김치 얼룩 제거하기** : 도마의 김치 얼룩을 없애려면 레몬 주스를 바른 후 하룻밤 정도 있다가 물로 헹궈 볕에 말린다. 또 생선을 손질한 다음에 레몬으로 도마를 닦으면 냄새를 없앨 수 있다.

**전자레인지의 냄새 제거하기** : 전자레인지의 냄새를 없애려면 전자레인지 안에 오렌지나 유자 등 향이 강한 과일 껍질을 넣어 2분 정도 작동시키면 나쁜 냄새가 없어진다.

**흰그릇의 누런 때 없애기** : 흰그릇에 누런 때가 끼었을 때는 오렌지 주스를 그릇에 붓고 30분 정도 두었다가 뜨거운 물로 씻으면 깨끗해진다.

**유리컵 광내기** : 오렌지 껍질 안쪽의 흰부분으로 유리컵이나 유리그릇을 닦으면 더러움도 없어지고 광이 나며 향기도 좋다.

**문 손잡이의 녹 없애기** : 문 손잡이 등에 녹이 생겼을 때 100% 토마토 주스를 부드러운 천에 묻혀서 닦으면 깨끗해진다.

**돗자리 얼룩 제거하기** : 돗자리에 얼룩이 있을 때 귤껍질로 닦으면 돗자리가 깨끗해지며, 색이 누렇게 변하는 것을 막을 수 있다.

**가습기 사용시** : 가습기를 사용할 때 물에 레몬즙을 조금 넣으면 냄새도 제거하고 향기가 나서 기분까지 좋아진다.

**가죽 제품 손질하기** : 가죽 의류나 핸드백, 구두 등 갈색과 검은색으로 된 가죽 제품은 바나나 껍질로 낡은 부분을 문지르면 좋다. 대부분의 가죽 제품은 탄닌으로 이루어져 있고, 바나나 껍질도 타닌으로 이루어져 있기 때문이다. 평소에도 바나나의 미끈한 부분을 가죽에 대고 문질러 주면 깨끗해진다.

**손톱 튼튼하게 만들기** : 레몬 껍질로 1주일에 한두 번 정도 손톱을 마사지해 주면 손톱에서 윤기가 난다.

**표백제로 쓰기** : 흰빨래를 삶을 때 레몬 2~3조각이나 껍질을 넣으면 훨씬 하얗게 된다. 삶을 수 없는 흰옷은 물 1L에 레몬즙 1T 비율의 물에 세탁한 옷을 담가 두었다가 하루 지난 뒤 헹구어 말리면 깨끗해진다.

**섬유 유연제로 쓰기** : 귤 껍질을 모아 바싹 말려 둔다. 물과 함께 끓여 충분히 식힌 후 세탁한 옷을 5분 정도 담갔다가 깨끗한 물로 헹구어 말린다. 하얗게 될뿐만 아니라 옷감이 상하지도 않는다.

**욕조에서 목욕할 때** : 레몬은 시트러스향으로, 아로마테라피 효과가 뛰어난 과일이다. 욕조에서 목욕을 할 때 레몬 껍질을 망에 넣어 물에 담가 두면 피부 미용에 좋고, 레몬향이 스며들어 상쾌해진다. 비타민C 풍부해 음주로 인한 숙취 해소에도 효과가 좋다.

**방향제 역할하기** : 오렌지 껍질을 신문지 위에 놓고 적당히 높은 곳에 올려 놓으면 방향제 역할을 하며 쓰레기 부피도 줄어들어 좋다.

**차 끓이기** : 감 껍질을 말려서 차 우릴 때 넣으면 달콤한 맛을 느낄 수 있다.

**손에 묻은 기름때 없애기** : 기계를 만지거나 기름을 이용하는 요리를 할 때, 또는 손에 기름이 묻었을 때는 비누로 씻어도 잘 지워지지 않는다. 이때 설탕을 약간 묻혀 비비면 기름때가 잘 빠진다. 기름 냄새는 귤 껍질로 문지르면 쉽게 없어진다.

**가려운 피부에는** : 건조한 날씨에는 가려움증이 생기고, 피부의 탄력도 떨어진다. 이때 레몬을 우린 물을 사용하면 미백 효과도 뛰어나고 비타민이 많아 피부를 부드럽게 해 준다.

### 옷에 묻은 얼룩 제거하기

• 기름기 있는 음식을 먹다가 옷에 기름이 튀어 얼룩이 졌을 때는 레몬이나 식초를 발라주면 손질하기 쉽다.
• 옷에 토마토케첩이 묻었을 때는 물수건으로 대충 닦은 후 식초를 수건에 묻혀 두드리듯 닦아내고 물로 씻는다.
• 과일물이 묻었을 때는 비눗물로 바로 닦거나 과산화수소를 수건에 묻혀 닦고 물에 적셔 여러 번 닦으면 깨끗하게 빠진다. 얼룩이 오래 잘 빠지지 않을 경우에는 진한 식초물로 두드리듯 닦아주고 비눗물로 씻은 후 맑은 물에 헹군다.

### 과일을 씻을 때

• 주방용 세제로 야채나 과일을 씻을 때는 세제 용액에 5분 이상 담가 두지 않는다. 헹굴 때는 흐르는 물에서 씻고, 흐르지 않는 물에서는 물을 2회 이상 바꿔서 헹구도록 한다.
• 오렌지나 레몬 등의 껍질을 이용할 때는 소금으로 비벼 씻으면 농약을 제거할 수 있다.
• 포도나 딸기 같은 과일은 식초를 약간 넣어 씻는다.

**과일의 변색을 막으려면** : 껍질을 벗기거나 잘라놓은 사과, 배 등의 변색을 막으려면 물에 레몬즙을 탄 레몬수를 뿌린다. 설탕물이나 소금물에 담가도 된다.

**야외에서 수박을 시원하게 하려면** : 여건이 여의치 않을 때는 수건 한 장을 물에 담가 수박 위에 덮어 두면 수박 전체가 골고루 시원해진다.

**질긴 고기 연하게 하기**
- 질긴 고기를 연하게 하기 위해서는 키위를 이용한다. 고기를 재울 때 양념에 키위를 갈아서 넣으면 한결 부드러워진다. 너무 많이 넣으면 고기가 물러지므로 주의한다.
- 배를 넣어도 된다. 만약 배가 너무 비싸거나 없다면 배 주스를 이용해도 같은 효과를 볼 수 있다.
- 파인애플이나 무화과도 연육제로 쓴다.

**새우를 삶을 때** : 새우를 삶거나 데칠 때 레몬즙을 몇 방울 넣으면, 레몬의 향이 새우의 나쁜 냄새를 제거하여 산뜻한 맛을 낼 수 있다.

**생선의 비린내를 없애려면** : 생선의 손질이 중요하다. 또 조리할 때 레몬이나 식초를 넣으면 냄새를 제거할 수 있으며, 신선도를 오래 유지할 수도 있다.

**수프가 짤 때** : 수프가 짜게 되었을 때는 토마토를 썰어 넣고 살짝 끓이면 토마토의 신맛이 내는 중화 효과로 짠맛이 덜해진다.

**생선과 화이트와인** : 생선을 먹을 때는 화이트와인이 잘 어울린다. 화이트와인의 산과 생선의 짠맛이 서로의 향과 맛을 더해 준다.

**과일 쓰레기 처리하기** : 수박이나 참외처럼 껍질을 쓰레기로 버려야 하는 과일이 많다. 과일 껍질을 채반에 넣어 말린 다음, 손으로 적당히 부수어 버리면 부피를 30% 정도 줄일 수 있다.

**가스레인지 청소하기** : 레몬을 쓰고 난 후 껍질을 모아 냉장고에 넣어 둔다. 가스레인지의 기름때를 청소할 때 기름때 위에 더운 물을 조금 붓고 레몬 껍질로 문질러 주면 깨끗해지고 향도 좋다.

# 찾아보기

# 과일이 듬뿍 비타민요리

2005년  2월  25일  1판 1쇄
2007년  5월  15일  2판 1쇄

저  자 : 이민정
펴낸이 : 남상호

펴낸곳 : 도서출판 **예신**
140-896 서울시 용산구 효창동 5-104
대표전화 : 704-4233, 팩스 : 715-3536
등록번호 : 제03-01365호(2002. 4. 18)

**값 12,000원**

http://www.yesin.co.kr
ISBN : 978-89-5649-054-0